為什麼他們的文字最有說服力？
看問題永遠能擊中要害？

麥肯錫寫作技術與邏輯思考

麥肯錫系列暢銷書作者
高杉尚孝——著・鄭舜瓏——譯

CONTENTS

第2章

寫出流暢有力的文案

CONTENTS

第3章 你的思想，如何以精采文書表現？

第4章

解決問題的基本能力

CONTENTS

第7章

提案與文案的高明說服技巧

推薦序一

聰明的腦袋，其實有步驟、有方法

作家、深崛萌國文改革教育發起人之一／**朱宥勳**

讀高杉尚孝的《麥肯錫寫作技術與邏輯思考》，會有一種你在跟聰明人談話的愉悅感受。我是說「聰明」，而不是「天才」。天才會讓你覺得神乎其技，但思路之跳躍，會讓你覺得他的厲害與自己無關，那是不能複製、學習的；**聰明人則有步驟、有方法、還能講得清晰透澈**，讓你知道自己的不足，而且知道如何補足。

而有趣的是，聰明的腦袋都是類似的。一直以來，我常聽到一種說法，認為「學術」與「實務」是有落差的，前者重理想性，後者才能在職場上運作。不管是哪一個領域，都有這種說法——就算是我身處、最不現實的「文學圈」，也認為學術界的文學研究對創作實務沒有幫助。這種說法始終讓我很困惑，因為我自己覺得，在大學所受的人文學科訓練，對於自己的工作狀態很有幫助；我指的不是特定的人文學科「知識」，而是做事的方法、思考的邏輯、與人協商合作的基本概念。在我看來，「學術」本身就很「實務」，或者反過來說，「實務」強的人，思考方式往往就很「學術」，即使他們自己沒有意識到。

高杉尚孝的這本書，就很清楚的解開了我的困惑，證明我的直覺不假。**此書從基本的「訊息」開始**，接著談及**「連接詞」**、**「主題」和「問題」**的重要性，最後串連成完整的商業文書（簡報、報告、提案）構成原理。他所談論的，都是從最實務的職場需求出發，包括怎麼跟客戶、同事、上司溝通，讓自己的提案和商品順利被採用。然而，他所談及的這些思考與表達技術，都跟我讀過的最好的學術著作高度契合——**「訊息」即「陳述句」**，那是所有論證的基本單位，高杉尚孝對訊息的分類也是社會科學的基本功；**「連接詞」講究的是陳述句之間的邏輯關係；「主題」必須集中，是所有寫作的根本**（甚至連看起來最飄逸的文學創作也不能免）；此外，書中提及的「容器」，就是我們說的「框架」；最後的「問題」，更是所有研究生都必然鍛鍊的「問題意識」。

沒錯，「學術」跟「實務」從來都是同一件事。如果有誰覺得這是截然二分的事物，那他至少對其中一方有誤解。

但話又說回來，如果學術即實務，那臺灣的學院體系，為什麼又會培養出這麼多缺乏實務能力的畢業生？也許正是因為，學者們固然也有聰明的腦袋，卻對外面的世界缺乏整體性的了解，因此並不曉得自己所傳授的這套東西，不只有理想性，也非常具有務實性。

而這正是《麥肯錫寫作技術與邏輯思考》的價值所在：這是一顆真正通透世事的聰明腦袋，能把繁雜的現實運作，「翻譯」成清晰明瞭的原則性技術。更棒的是，這套技術一點都不神祕，這是任何人讀完之後，都能隨之聰明起來的一本書。

推薦序二

簡報、提案、文案怎麼寫？用麥肯錫邏輯思考，一次就說服！

「我是文案」版主／黃思齊

隨著多屏時代（編按：手機、電腦、pad、電視等，形成資訊互通）來臨，人們除了電腦與電視，更在手機、掌上型電腦等各種載具上隨時隨地吸收資訊，可說正式進入「人人皆文案」的時代，所以身為職場工作的一分子，幾乎沒有不需要文字表達技能的人；相對的，資訊爆炸也讓人們閱讀時越來越精明嚴苛。因此，內容如果沒有清楚的邏輯、有力的論證，絕對無法像過去一樣，只靠大量曝光就能影響讀者的行為。

在我看來，有效的文案應該有三種力量：吸引力、說服力、推動力。而在商業溝通以及銷售導向的文案中，說服力與推動力尤為重要，它能夠建立讀者的信賴，進而促使他們產生行動。在《麥肯錫寫作技術與邏輯思考》這本書，著重說明的就是，當我們使用文字內容表達時，如何有效的讓讀者更加認同我們所要傳達的內容，甚至無須白紙黑字的明示，就會讓讀者按照寫作者希望的方向去做。

很神奇嗎？這恰巧也是本書的可貴之處。坊間文案書籍大都著重於行銷理論與消費者洞察等原則性內容，少有仔細推敲詞句與文字用法本身，而《麥肯錫寫作技術與邏輯思考》則大量介紹連接詞、文章段落、結構等寫作技巧，每個主題使用多個切面和文字撰寫方式，來具體對應到讀者的感覺，**不僅有「如何寫」、「為何寫」，更點出讀者的「預期感受」**，對於語感較不敏銳的撰文者來說相當實用。

而本書的後半部，則著重於邏輯思考能力的訓練，藉由金字塔結構、故事展開、摘要式等方法，說明良好的提案必須具備的結構，並且從作者的職涯經驗中，提煉聽眾或顧客聽取提案後，可能產生的疑慮與決策走向，讓撰文者能夠提前決定內容提案的論述方式。全書內容前後呼應，涵蓋範圍**小至字詞挑選、大至架構建立，為讀者建構出說服力寫作的重要觀念**。

邏輯分明的內容能為個人樹立專業印象，也能為品牌建立信任感與權威，若用精準的語句表達出來，則會產生更巨大的影響力。因此我推薦《麥肯錫寫作技術與邏輯思考》一書給中高階經理人，也推薦給醫療、光電、機械等注重實效甚於感性的B2B（編按：business-to-business，指一家企業販售其商品或服務給另一家企業）領域文案人員，透過嚴謹的論證與精確的表述，來切實影響自己的消費者！

前言

會用邏輯，你的故事就會精采

這是一本讓你學會邏輯思考方法，並提高寫作能力的工具書，目標是提升你的文書寫作技巧，寫出一篇兼具邏輯思考能力和明確表達能力的文章或報告。「邏輯表現力」是所有工作業務的基礎，堪稱上班族必備的「作業系統」（operating system，縮寫OS），學會這套方法，一定會對你的職場生涯有莫大幫助。

本書的內容，初學者看了簡明易懂，高手看了回味無窮。全書在編排上除了有教科書的系統性，也非常重視實際應用的案例。特別是裡面富含一些思考和表現的「關鍵技巧」，一般談論邏輯思考的相關書籍幾乎沒有碰觸到這一塊。

■我聽過MECE，所以呢？

大家都知道，執行工作業務時，邏輯思考能力非常重要。事實上，有很多相關書籍都在講「邏輯思考」。這些書多半在介紹金字塔結構（譯注：意指金字塔原則〔Pyramid Principles〕，頂點為結論，下面一層一層堆砌的項目，則是支撐結論的方法或證據），或者介紹ＭＥＣＥ的統合方法（譯注：Mutually Exclusive Collectively Exhaustive的縮寫，唸成me-see，意指相互獨立，毫無遺漏。這是麥肯錫提出的分析問題方法，原則是把整個問題細分為各個項目，然後檢查每一項目是否做到不重複、不遺漏）。並且，有的書會介紹各種應用金字塔結構和ＭＥＣＥ，來分析問題的架構。確實，這些方法對於整理事物或是將事物結構化非常有幫助，學好它們會讓你獲益良多。

可是，光靠ＭＥＣＥ（不重複、不遺漏）這類的分析架構，未必能讓你自動養成邏輯思考能力，也無法提升你解決問題的能力。更別說對你撰寫報告或做簡報的文書能力，有任何實際的幫助。

■教你「用得著的」邏輯技巧

本書介紹的「關鍵技巧」非常重要，其他的書幾乎都沒提到，或是僅粗淺的介紹過，而這些技巧多半是你展現思考能力和表達能力時所需要的。具體的說，這些技巧包括了區分訊息種類的要領、下結論的方法、如何抽象化、怎樣在句子中以邏輯接續語來表達完整意思（譯注：日文的接續語，相當於中文的轉折連接詞或介詞，請參見第二章。編按：本書中「接續語」皆稱為「連接詞」，較符合中文的說法）、如何運用具有我個人特色的高杉法（TH法，是高杉尚孝〔Takasugi Hisakata〕的縮寫）來發現問題與設定課題、怎麼用SCQOR故事展開法來鋪陳故事，以及落實格式的方法等，你可以從中獲得許多發現和啟發。

唯有確實理解並學會應用這些技巧，你的「邏輯表現」才真的稱得上是「用得著的」邏輯思考。

■提升寫作技巧，讓邏輯變強

基於這個觀點，本書從理解邏輯表現力的原點，也就是「訊息」這個概念，開始談起。重點放在**如何明瞭的表達**，讓大家透過學習寫作技巧，自然而然學會邏輯思考。

具備這些基礎之後，我們再學習如何設計文書的架構，並從中學習結論法、抽象化、題目設定等技巧。在後半部分的實踐篇裡，我們還會學到高杉法的問題解決型故事展開法，以及許多增加說服力的小技巧。

另外，為了確認各位理解的程度，在前四章當中，每一章最後都附有練習題，請大家挑戰看看，一定會有新的斬獲。

本書架構
一流人才必備的表現力

本書分成基礎篇和實踐篇兩部分。第一章至第三章屬於基礎篇，首先讓大家打好邏輯表現力的基礎。第四章至第七章則為實踐篇，以問題解決型的故事展開法為中心，培養大家實際應用邏輯表現力的能力。

在第一章中，我們學習邏輯表現力的基本概念，包括了訊息、主題、分段。尤其是**訊息**，想要設計出優秀的文書作品，必須對訊息有很深的理解。訊息可分成記述型、評價型、規範型等，你一定可以從第一章獲得許多新的發現。

在第二章中，我們學習如何明瞭的表達訊息。從**主語**、**連接詞**、**具體性**這三個層面，來學習表達的技巧（編按：日文的主語相當於中文的主詞，本書中「主語」皆稱為「主詞」，較符合中文的一般說法）。不論是傳達哪一種訊息，最重要的是能夠明瞭的表現主題。如果你傳達得夠清楚明白，除了能讓你的訊息更有邏輯，也能提升訊息的說服力。

接著，我們以前面學到的**訊息種類**與**表達方法**為基礎，在第三章學習如何**設計訊息**。除了要學會設計個別的訊息之外，還要能設計整份文書。其中，包括金字塔結構、結論法、推論、摘要法、抽象化、主題設定等諸多的思考表達技巧，都會一一學到。

學完了基礎篇的思考表達技巧之後，我們將在第四章中學習**問題的解決過程**，這是第五章要學的故事展開方法的前置作業。本章的學習重點在於，如何運用高杉法發現各種類型的問題與設定課題，來展開故事。

在第五章中，我們會以從第四章學到的問題類型及其個別的課題為基礎，來學習故事展開的方法，這對於製作文書非常實用。具體而言，我們將學到適用於解決各種類型問題的故事展開法，它融合SCQOR故事展開法與問題解決過程。

在第六章中，我們要學習如何把金字塔構造和問題解決型故事展開法，落實在特定的格式裡。我將舉出商業文書的兩種代表格式——報告、簡報（包括文案）來說明。

除了前面學到的邏輯表現之外，第七章還會介紹各種能讓說服力更為提升的技巧。具體來說，包括了由上而下法、問題類型與提案的調整、風險管理、替代方案的數量與提出順序，以及傳達訊息時的命題意識化等。

第1章

訊息

我未必這麼說，但能使你這麼做

- 如何理解訊息
- 訊息分三種
- 記述訊息
- 評價訊息
- 規範訊息
- 活用各種類型訊息
- 文章的「主題」是什麼？
- 你可以自己演練

在第一章中，我們將學習邏輯表現力的基本概念，也就是「訊息」。如果對訊息有全盤的理解，就可以設計出優秀的文書；同時，還要學習「主題」、「分段」等，你一定可以從中獲得許多新發現。

■報告很詳盡，為什麼被臭罵？

主管：山田，X公司最近的業績如何？

山田：是……。X公司最近一季的銷售額為兩百二十億日圓（編按：約新臺幣五十九億元。全書日圓兌新臺幣之匯率，皆以臺灣銀行於二〇一八年公告之均價〇．二七元為準），營業利益為五億日圓。自由現金流量（Free Cash Flow）為八十七億日圓。昨天股票的收盤價為每股三五八日圓。

主管：喔，所以呢？

山田：啊！是……。好像還有特別損失的部分，再扣除稅之後，利益為兩億日圓。利息支出大概是一千萬日圓左右。

主管：所以呢？

山田：啊！還有……該公司利息收入為兩百萬日圓。銷售成本是……。

主管：我是問你**「他們的業績怎麼樣？好還是不好？」**

山田：喔！是……**似乎**回升了不少。

主管：好啦，有上升就是了，我知道了……。

山田為了回答主管的問題，拚命的傳達訊息，可是主管卻大發脾氣。

問題在於，主管想知道的「X公司最近的業績」，與山田提供的訊息根本就不是同一類。追根究柢，主管要的是「評價」訊息，可是山田卻不斷傳達「記述」訊息。也就是說，主管期望得到的訊息種類與山田提供的完全不同。如果山田能事先理解訊息有哪些種類，就可以避免白費功夫、白挨罵。

如何理解訊息

■懂得分類運用，就能出寫一流文章

在本書裡，你隨處可以看到我使用**訊息**這個詞。訊息是製作文書必要的「零件」。

「訊息」這個詞，通常會出現在送別會時同事輪流簽名的卡片上，或者結婚典禮時親友所寫的留言本和簽名綢上，是當事人抱著感情寫下的東西。可是，本書所說的訊息，並不一定要包含感情。例如，「這個寶特瓶的容量為五百毫升」，這樣冰冷的描述也是一種訊息。另外，「這把椅子非常有設計感」也是一種訊息，屬於評價訊息。當然，「本公司必會傾全力超越其他公司，盡速開發出○○控制裝置」這種滿腔熱血的提案，也是一種訊息。

在邏輯表現力的領域中，只要是構成商業文書的所有文章，都可以視為訊息。也就是說，只要文句中清楚的標示出主詞、述詞（譯注：包含動詞、形容詞等，用來表示主詞的動作或狀態），而且這些文句都是構成某篇文書的零件，都可以算是訊息。**換句話說，大家可以把寫作（商業文書或一般文章）當成在組合訊息零件。**

因此，明確了解訊息是什麼，非常重要。就像如果你要畫畫，你必須對畫筆、顏料、畫布有一定的認識；如果你要做菜，就得非常熟悉食材和廚具。不然的話，你永遠只能煮出大雜燴。

■「明瞭表現」主詞與述詞關係，才是訊息

藉由主詞與述詞的關係而成立的意思表現（即句子），全部都算是訊息。訊息是構成商業文書的零件，在整份文書當中，訊息還有分層級；也就是說，以文書的結構而

言，訊息可分為上層訊息和下層訊息。例如，如果有一份文書是關於交涉，而這份文書的**最終結論**想傳達的訊息，是「希望這次交涉能提高自己與對方雙方的滿意度」，那麼這個訊息就是**上層訊息**。

假使這份文書還分成好幾個章節，那麼每一章節都有它想傳達的訊息。比如說，其中某一章想傳達的訊息是「能產生結果的交涉，有五項基本原則」，那麼這個訊息就比剛才提到的上層訊息還要低一個層級。

又假如每一章是由幾個「分段」構成，那麼每一個分段應該都有它要傳遞的訊息，例如其中一個訊息為「專心聆聽交涉對象說話，才能了解對方真正要表達的東西」。

接下來，假設每個分段又由好幾篇短文構成，那麼這幾篇短文的訊息又比分段更低一層級。例如，其中一篇短文的訊息為「所謂的『專心聆聽對方說話』，是指一種積極的過程，也就是深入了解對方的目的、關心的事物或價值觀，然後在自己的心中產生正確的認知。」

一份文書的訊息，在結構上可以區分出不同層級。關於訊息層級的討論，我稍後會再談到金字塔結構，這兩者的概念是相通的。

訊息分三種

■記述、評價、規範，你得會靈活運用

想要更深一層了解一篇文書的構成成分，最好能先辨識出訊息的「種類」。以種類來說，訊息大致可以區分成兩大類：「描述」和「規範」。用英文表達，就是「what is」和「what should be」這兩類。

描述性的訊息，是表示事物的狀態。相對的，規範性的訊息，則是表示事物應有的狀態，或者人該採取怎麼樣的行動，就如同處方。描述性的訊息還可以再區分為「記述」和「評價」，而規範訊息則只有它本身這一種。

於是，訊息的種類實質上可以分為以下三種：**記述**、**評價**、**規範**。幾乎所有的商業文書，都是由這三種訊息組合而成。順帶一提，前面提到的例子：

「這個寶特瓶的容量為五百毫升」為**記述**訊息。（平鋪直敘）

「這把椅子非常有設計感」為**評價**訊息。（有形容詞）

「本公司必會**傾全力超越**其他公司，**盡速開發出**ＸＹ控制裝置」為**規範訊息**。（有

圖表1-1 訊息的種類

訊息可以概分為「描述」和「規範」。實際上，包括「記述」、「評價」、「規範」這三種。

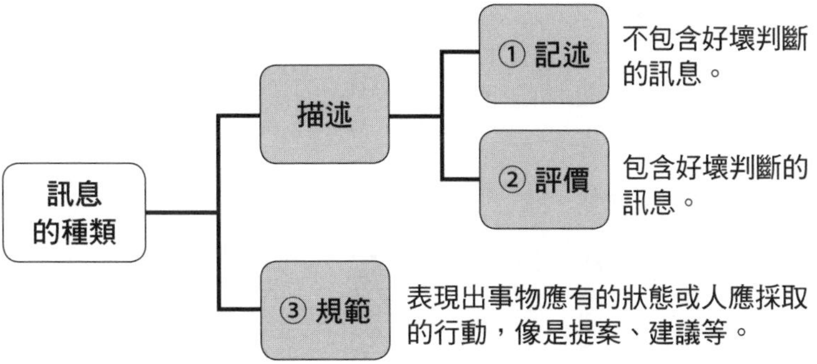
訊息
的種類
描述
① 記述
不包含好壞判斷
的訊息。
② 評價
包含好壞判斷的
訊息。
③ 規範
表現出事物應有的狀態或人應採取
的行動，像是提案、建議等。

動詞）

這三種訊息是構成商業文書的基本素材，請務必學會如何辨識，這是邏輯表現力的基礎（圖表1-1）。

■先懂區分，就能活用

在學習判定訊息的種類時，最好排除傳遞者的意圖以及接收者的解釋。本書所說的訊息種類，是指該訊息「完全以文字資訊表示」時的類型。所以，不管傳遞者的意圖為何，接收者會做什麼樣的解釋，都要先放在一邊，我們**只處理訊息本身傳達出的文字表現，區分該訊息究竟屬於哪一類**。

當然，嚴格的說，不管我們再怎麼

切割傳遞者和接收者跟訊息之間的關係，都不可能完全切割。畢竟，如果沒有傳遞者，根本不會有訊息產生，或者如果沒有接收者，被傳遞的訊息也無法被解讀。但是，我們可以先排除傳遞者特別加上的意義，或是接收者固有的解釋，單純的解析訊息本身（也就是不因為說話者是誰，而決定訊息的意義是什麼）。

接著，我們再分別解釋傳遞者的意圖，以及接收者的解釋。這幾個步驟有利於我們掌握傳遞訊息的方法，並且增加訊息的說服力。

■辨別訊息種類，不等於辨別內容正確性

接著，我進一步說明記述訊息、評價訊息及規範訊息。開始之前，我要提醒大家一件事，那就是訊息的「種類」與「內容的正確度」是兩回事。也就是說，我們要討論的是如何理解並判斷訊息的種類，並非訊息內容是否正確，或者有無充分的證據。**談論「訊息的種類」，並不是在討論這訊息記述的內容正不正確、評價的內容正不正確，或者規範的內容正不正確。**

當然，訊息內容正確與否，確實是很重要的課題。可是，在區分訊息種類時，請大家先把它當成另一個問題，從別的途徑來判斷正確性。這裡，我們要先學會辨別所接觸到的訊息，究竟屬於哪個種類。

記述訊息

■描述事物的景象和現象本身

首先是記述訊息，它描述了事物的情況和現象本身。前面提到的「這個寶特瓶的容量為五百毫升」，就是記述訊息（寶特瓶就是現象本身，情況則是五百毫升）。**先不管傳遞者傳達這句話時的意圖或暗示**，他就是在表示這個寶特瓶的容量為五百毫升。當然，有人會認為它的容量未達五百毫升，但是這句話本身沒有好或不好、高級或低級，這就是描述性的訊息。

「東京鐵塔高三百三十三公尺」、「Ａ公司共有五千名員工」，都是記述訊息，同時也都在描述一個現象。

「現在正在下雨」也是現象的描述，所以是記述訊息。

「紐西蘭的首都是威靈頓」，一樣是記述訊息。

但是，如同前面說的，我們現在談論的是如何分辨訊息的種類，描述的內容是否正確則另當討論。假設對方傳達的某則訊息沒有任何證據，僅僅只是傳遞者單方面的認知，或者內容真的有誤，但我們在判斷這則訊息的種類時，仍然可以分類為記述訊息。

所以，儘管「美國的首都是紐約」這句話有誤，但它是記述訊息。

另外，記述訊息的論證方法有兩種：因果論證法，以及實證論證法，我將在第三章和第七章中詳加說明。

評價訊息

■表達某一景象或現象的好壞

跟前面相反，評價訊息表現出情況或現象的好壞。例如：

「這個寶特瓶**真漂亮**。」
「東京鐵塔是一座**美麗的高塔**。」
「T公司為**優良企業**。」

這些都屬於評價訊息，都強調表現出「好」的解釋。當然，也有訊息表現出「壞」的解釋。接著來看下面幾個訊息：

「這個寶特瓶因為很耐用，所以是好的寶特瓶。」

「東京鐵塔的設計感很棒。」

「從企業的社會責任的角度來看，T公司是家優良企業。」

這些也都是評價性很強的訊息。每一則都**包含了某種好壞的判斷**。但是，耐用、設計感、社會責任等，都是傳遞者針對被評價對象的某個部分所做出的評價，就被評價的對象本身來說，這個觀點的說服力較薄弱。

■我說「記述」訊息，讓你以為在「評價」

那麼，「這個寶特瓶的**耐用度高**」這句話呢？

拿這句話跟「這個寶特瓶**很耐用**」相比，「耐用度高」為記述訊息。為什麼呢？因為耐用度「高」這個用語本身，並沒有清楚包含好壞的判斷。不過麻煩在於，當你說它耐用度「高」時，訊息接收者常常會認知為：所以，它比「耐用度低」的寶特瓶還要「好」囉。

但是，如果這個寶特瓶是待掩埋的廢棄物時，解讀便完全相反了，因為「耐用度高」的寶特瓶比較難分解，所以反而是「耐用度低」的寶特瓶比較「好」。換句話說，

「耐用度高」並非在所有條件下都是「好」的，因此「這個寶特瓶的耐用度高」屬於記述訊息。

同樣的，「東京鐵塔的設計感**很棒**」這句話中，傳遞者已經表示出對於設計感優劣的判斷，所以是評價訊息。

不過，如果是「東京鐵塔具有**高度**的設計感」這句話，就屬於記述訊息了。只不過在某種默契之下，這句話一樣容易被接收者解讀為：因為有高度設計感，所以「好」。可是，就訊息本身而言，它是屬於記述性的。因此，我們要先排除傳遞者的意圖與接收者的解釋，再來判斷訊息。

■測量結果並非評價，卻有暗示效果

誠如各位所理解的，評價訊息會清楚的表現出所評價事物的優劣或好壞。不過，在非專業的、日常生活的場合裡，你會發現，有些句子明明沒有帶入優劣好壞的判斷，卻表達出「評價」的意思。例如，某家企業的員工將測量某種機械的效能數據，傳達出評價的意圖（例如，這部引擎的出力有兩百五十四馬力）。

然而，在展現邏輯表現力時，純粹的測量作業並不能稱為評價。如果把測量出來的數值跟某一基準值做比較，確實可以判斷出機械的優劣。但是，**最好不要把測量本身**

（即記述訊息）和評價混在一起。因此，「這部引擎的出力有兩百五十匹馬力」這句話，本身就是記述訊息。如果你加上「所以是一部性能佳的引擎」，這樣它才算是評價訊息。

利用你心底的評價項目和基準，把事實變成評價

接下來，我們將記述訊息與評價訊息的傳遞方式，加上傳遞者的意圖與接收者的解釋，來進行考察。如同前述，對於「很高」和「很棒」的探討，我們經常會在不知不覺中，把記述訊息讀取成評價訊息；或者反過來，認為自己傳遞的是評價訊息，結果卻是記述訊息。在這種情況裡，記述與評價之間，存在著連結兩者的**評價項目**與**評價基準**。如果把記述訊息當作「根據」，把評價訊息當作「結論」，那麼其中就會出現把根據與結論連結起來的**評價項目**與**評價基準**。

舉例來說，假設我們把前面提過的一則記述訊息：「這部引擎的出力有兩百五十匹馬力」，解讀為有評價意味的訊息：「這是一部很棒的引擎」，那麼這其中存在著**根植於我們心中價值觀的評價項目**：「引擎性能的好壞由出力決定」，以及**評價基準**：「兩百五十匹馬力的出力算是非常高的，足以評價為一部好引擎」。

接下來，舉例來說，假使從「這輛車是限量生產的一百二十五輛當中的一輛」的記

述訊息中，我們讀取出評價訊息：「這輛車很有價值」，這是因為在我們價值觀中根植著評價項目：「生產輛數」，以及評價基準：「總生產輛數只有一百二十五輛，因此可以認定它是稀有的」。

所以，如果我們希望接收者能快點做出評價，換句話說，希望**讓他自己推論出具說服力的評價訊息**，那麼我們只要配合對方價值觀的評價項目和評價基準，傳遞出記述訊息，就能夠有效的達到目的（讓他自己做出好評價）。關於這一點，我將在第三章和第七章中詳細解析。

規範訊息

■要求事物應有的狀態，以及人該採取的行動

雖然記述訊息和評價訊息各有各的特徵，但是兩者都屬於描述性的訊息。也就是說，兩者都是用來表示事物的狀態。相對的，接下來我要說明的規範訊息，則是用來表示情況或現象「應有的狀態」，以及建議某人「該採取的行動」。例如：

①「這個寶特瓶的容量**應該要有**五百毫升。」
②「遊客**應該登上**東京鐵塔。」
③「機構投資人**應該買進**T公司的股票。」

這些都屬於規範訊息：①表示事物應有的狀態，②和③則是建議某人應該採取的行動。規範訊息經常以「應該怎麼樣」，或者「應該怎麼做」的形式來表現。現在，大家應該可以區分出描述訊息（包括記述和評價訊息）與規範訊息。

可是，規範訊息有很多種表現方式。例如，請求式的「拜託你，登上東京鐵塔吧」，還有命令式的「你一定要登上東京鐵塔」。前者態度比較溫和，後者態度比較高壓。不管是哪一種，兩者都表達出規範訊息：「應該登上東京鐵塔」。另外，像是「本公司應該併購競爭對手E公司」、「應該廢除死刑」等政策性的提案或建言，都屬於規範訊息。

■我用評價訊息，對大家造成規範效果

就像記述訊息會被解讀成評價訊息一樣，評價訊息有時候也會被當成規範訊息。例如，「併購E公司是個**不錯的**主意」，或者「**最好**廢除死刑」就是如此。它們都屬於評

價訊息，但是很多人經常把它們理解為「你應該併購E公司」、「應該廢除死刑」的意思，當成是促使行動和建議的規範訊息。

再舉一個例子，有一則訊息是：「為了恢復本公司的業績，擁有〇〇技術是必要的」，你覺得這則訊息應該歸為哪一類？

以較廣義的範疇來說，這則訊息屬於描述性的訊息，不屬於使用「應該」兩字的規範訊息，因為它只是描述，這個技術是必要的而已。那麼，它是屬於描述性的訊息當中的哪一種？這個訊息是基於某種價值觀，或某種評價基準而下的結論，而且告訴我們〇〇技術是必要且重要的，所以屬於評價訊息。

但是，很多訊息接收者會把「為了恢復本公司的業績，擁有〇〇技術是必要的」這個評價訊息，解讀成規範訊息。原因在於，他們心想，如果欠缺必要的技術，那麼「本公司應該開發〇〇技術」、「本公司應該取得〇〇技術」，或者「本公司應該併購擁有〇〇技術的公司」等。我想，應該有不少人把它解讀成類似上面的幾則規範訊息。相反的，假設這家公司已經擁有這種必要的技術，那麼「擁有〇〇技術是必要的」訊息，則會被解釋成「本公司必須保護〇〇技術」、「不可以外流」等規範訊息。

■心存「行動原理」的默契，對方聽話就範

為什麼評價訊息會被當成規範訊息呢？這是因為評價訊息裡，潛藏著連結評價與規範的**行動原理**。

假設剛才的評價訊息：「併購E公司是個不錯的主意」，被解讀成規範訊息：「應該併購E公司」，那麼我們可以假定這其中潛藏著一個行動原理：「不錯的主意應該被執行」。同樣的，「最好廢除死刑」這則評價訊息，也因為這個行動原理，而被解讀成「應該廢除死刑」。

讓我們複習一次，接收者之所以會將記述訊息解讀成評價訊息，是因為解讀過程中存在著評價項目和評價基準。而評價訊息之所以被解讀成規範訊息，則是因為解讀過程中潛藏著行動原理。

接下來，我們用評價訊息：「為了恢復本公司的業績，擁有○○技術是必要的」，被解讀成規範訊息：「本公司應該開發○○技術」這個例子，來詳加說明。

本公司如果欠缺某種必要技術，業績會持續低迷，而業績持續低迷是一個很大的問題。換句話說，處於缺乏必要技術的狀態，是一個大問題。

那麼，當問題很大時，我們會根據什麼樣的行動原理來處理問題？把大問題擺在一旁嗎？不會吧，應該是幾乎所有人都會覺得：「應該解決問題。」就是基於這個行動原

理，大家才會把原本的評價訊息連結到規範訊息：「必須取得必要的技術」。我將完整的思考流程整理如下：

①「○○是必要的」。
②「缺乏必要的○○，是一個大問題」。
③「必須解決問題」。
④於是，「必須取得必要的○○」。

在大多數的情況裡，由於我們的思考會無意識的跳過②和③的語言，因此當我們讀取到①的訊息時，腦海中馬上浮現④「必須取得必要的○○」。事實上，這其中潛藏著行動原理：③「必須解決問題」。另外，「不可或缺的」這個形容詞，與「必要的」幾乎是同義詞。

總而言之，**規範訊息通常是根據某個特定的行動原理，而被推論出來的**。關於詳細的論證方法以及行動原理的解釋，我將在第三章和第七章進一步說明。

■濫用「必要」、「不可或缺」，大家沒感覺

一則評價訊息，很可能會因為接收者讀取到「必要」、「不可或缺」這些字眼，而

被解讀成規範訊息。所以，筆者希望大家不要輕易使用「必要」、「不可或缺」這樣的詞彙。

在商業文書的情境中，我們經常看到大家拚命使用「必要」、「不可或缺」。如果偶爾使用，問題還不大，可是如果使用得太過頻繁，會讓接受者感到不耐煩。為什麼？因為這表示接受者不斷被暗示「你應該這樣做」、「你應該那樣做」。這時候，他心中便開始不斷的冒出疑問：

「詳細的狀況分析（記述訊息）在哪裡？」
「清楚的狀況解釋（評價訊息）在哪裡？」
「具體的提案（規範訊息）在哪裡？」

記述就是記述、評價就是評價、規範就是規範，最好區分清楚。

特別是當你的文書報告是以「狀況分析」為主題時，更要當心是否濫用了「必要」、「不可或缺」。我們在進行狀況分析時，符合主題所用到的訊息應該多半是描述性的，也就是說，它們是記述訊息或是評價訊息。**除非你有特別的意圖，不然最好不要出現太多「必要」、「不可或缺」，暗示對方朝著規範訊息的方向去思考。**

即使你的主題設定為「提案」（建議），最好還是不要傳達「必要」、「不可或缺」的訊息。其原因在於，嚴格來說，「必要」、「不可或缺」是提案，而非規範訊息。如果主題是提案，那麼你傳遞訊息時，除非有特別的意圖，基本上是使用「應該（採取某行動）……」。

■建議「應該……」時，不要白目失禮

當你催促對方採取行動時，最終要傳達的訊息中即便語調上有強弱的表現，基本上還是要用規範訊息：「應該……」。在後面的章節中，我會提到金字塔結構，而在金字塔結構最上層的主要訊息上，我會用這樣的表現方式：「本公司應該**立即退出**X事業」、「A先生應該**買**Y產品」等。

不過，「應該……」只是原則上的表現方式，而最終的成果，也就是你的文書報告或簡報，不一定要完全套用。當你實際傳達給對方時，必須視情況而定，你可以事先好好思考，某個地方是不是該明白的說出「應該……」，說不定有些地方不用「應該……」反而比較有說服力。其中最大的判斷因素，在於傳遞者與接收者的關係。

如果你不必理會對方的反應也無妨的話，那麼只要注意基本禮貌即可，明確的使用「應該……」直接催促對方行動，也不會有什麼大問題。特別是當你以第三者的角度陳

述意見時，使用「應該……」最能夠清楚的表明主張。

但是，在某些場合裡，即使你想要傳達規範訊息，**也盡量不要使用「應該……」這麼強烈的表達方式比較好**。例如，當你販售自家的商品或服務給對方時，不要用「您應該要購買本公司的產品（服務）」的說法，因為這聽起來有些霸道。同樣是傳達規範訊息，你可以更鄭重的提出「**希望**貴公司可以購買本公司的產品（服務）」，或者用勸誘的表現方式如「**可否考慮**購買」比較合適。傳達規範訊息時，要注意自己的表達有沒有失禮。

■複合式訊息，我怎麼抓重點？

為了讓大家理解訊息的種類，因此到目前為止都是個別做解釋。不過，實際上開始寫作時，一定會出現很多包含不同種類的複合式訊息。

例如，「很多證券分析師認為，企業的價值應該以現金流量折現法（ＤＣＦ法，Discounted Cash Flow）來計算」這一則訊息就包含了記述和規範訊息。「很多證券分析師認為」這一部分是記述訊息，而「企業的價值應該以ＤＣＦ法來計算」這一部分則是規範訊息。

另外，「Ｓ公司是優良企業，自創業以來從未有過借貸」也是複合式訊息。「自創業以來從未有過借貸」這一部分是記述，相對的，「S公司是優良企業」這一部分則是評價。

即便是複合式訊息，只要從句子的結構上，思考哪幾個地方是自己想要表達的中心，就可以判定這整個訊息的種類。所以，證券分析師的那句話，由於基本句型（也就是主詞與述詞的關係）是「證券分析師認為」，因此屬於記述訊息。另外，S公司的那一句，由於整個句子的表現是以「S公司為優良企業」為中心，因此整體來說，則是評價訊息。

活用各種類型訊息

■當人家說聽不懂，你可以這麼分析給他聽

當有人對你說「我聽不懂你在說什麼」時，如果你已學會分辨訊息的種類，就可以派上用場，它可以幫你分析出對方不懂的地方在哪裡。

首先，有一種情形是對方不理解記述訊息。例如，他不理解記述訊息當中所用字彙本身的意義。**有時候，你使用一些專業術語或慣用說法，導致對方聽不懂**。例如，當你

說「我的筆記型電腦裝有4G（Giga）的RAM」時，如果對方不熟悉資訊科技的用語，他或許會回答：「RAM是什麼？」、「G又是什麼？」

現實生活中，大概很少人不了解資訊科技到這種地步，不過重點是他不懂你使用的語彙，所以你的記述訊息沒有達到溝通的目的。一般的解決之道，是依照對方理解的程度，加入適當的說明。

例如，「RAM是隨機存取記憶體（Random Access Memory）的簡稱，也就是可以暫時記憶電腦資料的一種記憶裝置。它用來儲存正在進行的作業，如果把一臺電腦比喻成整個工作空間的話，RAM大約是一張桌子的大小」、「G是指Giga，為記憶裝置容量的常用單位，是Gigabyte的簡稱」等。

我知道你說什麼，但還是「霧沙沙」，怎麼辦？

這樣解釋之後，你會認為對方已經理解「我的筆記型電腦裝有4G的記憶體」這則記述訊息。可是，對方或許仍會說：「我聽不懂」。這時候，你不宜再繼續向他說明RAM和G，因為他已經理解內容了。即使你像競選演講般，一直對他講同樣的訊息：「我的筆記型電腦裝有4G的記憶體」，對方還是不懂。為什麼呢？這時我們可以推想，他的疑問已經轉移到下一個層次了：「裝了4G的記憶體？所以？」

如果對方已經理解記述訊息的內容，那麼他期待理解的下一個訊息，多半是評價訊息。也就是說，他期待你回答他的疑問：「所以，我該怎麼評價那臺電腦？」因此，你只要向他傳達「這臺筆記型電腦很好用，是一臺好電腦」這種評價訊息，應該就可以穩定對方的心理。

我們根據「我的筆記型電腦裝有4G的記憶體」這則記述訊息，引導出一個評價訊息的結論：「這臺筆記型電腦很好用，是一臺好電腦」。當然，對方可能心裡還有疑問：「為什麼裝了4G記憶體的電腦就很好用呢？」即便如此，重要的是對方已經理解你傳達的訊息：「總之，你想說這是一臺好電腦對吧，我知道了。」

如果對方還是無法理解你的依據與結論之間的關聯，你最好再追加說明。例如：「RAM的容量大，才可以同時處理很多的應用程式，尤其最近電腦要處理的圖像越來越多，需要大量的記憶體，所以RAM必須夠大才行。」附帶一提，這一則關於RAM的解釋屬於評價訊息，並包含了評價項目。

■這時候，你最好在結尾時傳達出規範訊息

當你傳遞出評價訊息，但對方仍然無法理解時，或許應該輪到規範訊息登場。不管你再怎麼強調「這臺電腦真的很讚」，也都並非直接回答對方的疑問：「那又如何？你

要我怎麼做?」根據當時的狀況,有時候你傳遞以下的規範訊息(在這個例子中為提案或建議):「所以你也應該那樣做」,便可以讓對方理解:「原來如此,你想告訴我,我應該也要那樣做」。**大多數的時候,接收者讀取完評價訊息之後,會期待接下來出現規範訊息**(所以,我該……我得……)。

不過,這並不能保證對方一定會贊同你,但可以確定的是,他已經理解你的意思。然而,如果對方連理解都談不上,更別說要贊同你了,因此說服對方的前提是,他理解你的意思。

當對方不理解你的訊息時,學會分辨訊息的種類絕對是有利的。傳遞或者不傳遞何種訊息給對方,是促成對方理解的重要因素。另外,如同前面提到的,由於訊息與接收者很難完全切割開來,因此必須注意,有時候你所傳遞的,並非你真正意圖傳達的訊息種類。

例如,傳遞者原本想傳遞一則正面的評價訊息:「這道菜酸酸的,好好吃」,結果他只傳達出以下的記述訊息:「這道菜酸酸的」,那就有可能被對方解釋成負面評價:「不好吃」。

■促使對方行動，你可以故意停留在評價訊息

到目前為止，我從幫助對方理解的觀點，依序介紹了記述、評價、規範這三種訊息，並且說明了它們的好用之處。不過，還有一種情況是，將自己的主張止於記述或評價，故意不傳達規範訊息。特別是，當你知道對方心裡的評價項目、評價基準、行動原理時，這樣做的效果更好。

舉例來說，當你想促使對方做出A決定時，與其明瞭的傳遞規範訊息：「你應該做A」，倒不如停留在評價訊息：「採取A行動很不錯」。這種做法會讓對方自己聯想到規範訊息：「我應該做A」，這樣做可能更有效果。

所以，若是前面舉出的例子：「本公司的○○是符合貴公司需要的優良產品（或服務）」，**你可以選擇故意停留在評價訊息**，這種做法可以委婉的促使對方購買。如果想製造急迫的感覺，你可以如此表現：「對貴公司來說，本公司的產品（或服務）是您做○○時不可或缺的。」這背後暗藏了一個行動原理：「你應該得到你需要的東西」，是一種委婉建議對方採取行動的方式。

■你也可以「下意識的」傳達記述訊息

為了促使對方行動，還有一種策略也很有效，那就是傳達記述訊息給對方，勾起對

方的下意識。也就是說，你只傳遞到記述訊息為止，「如果你做A行動，那就會有○○的結果」。如此一來，對方自然會解釋成「A行動是還不錯的行動」。這種方法比停留在評價訊息的方法更加委婉。

例如，你向一位找停車位的司機傳遞一個記述訊息：「這裡禁止停車」，我想他大概會自行解釋成規範訊息：「不應該在這裡停車」。或者，一位正在演講的老師小聲的對主辦者說：「入口的門開了二十公分」，主辦者一定會去把門關起來。不過，這種方法只限定於非常了解對方的知識程度、評價基準及行動原理，才行得通，否則容易遭到誤解。說不定他會這樣回應：「老師，我覺得門不是開了二十公分，應該只有十五公分左右。」

因此，**如果你還不了解對方，最好是依序傳達記述訊息、評價訊息、規範訊息，大致上就不會出錯。即使是撰寫非常重視形式的論文時，也是如此。總而言之，最重要的是，你要依照不同的接收者，思考如何分別運用訊息的種類。**

文章的「主題」是什麼?

■主題不算是訊息，但一樣重要

討論了訊息的種類之後，接下來我們來看看何謂**主題**?主題和訊息一樣，都是邏輯表現力的基本核心概念。前面提過，**訊息是指傳遞者想「表達什麼」，而主題則是傳遞者對於「關於什麼」的表達**。

有效的搭配訊息與主題，可以瞬間提升對方的理解度。緊接著我會說明如何具體運用。首先，我們先分別理解訊息和主題是什麼。

在邏輯表現上，主題與訊息同等重要。原因在於，主題就像是裝著**訊息的容器**。既然是容器，主題便限制了放進裡面的訊息內容，就像超市賣的盒裝牛奶裡面裝的應該是牛奶，而丙烷瓦斯的瓦斯桶裡面應該裝入丙烷瓦斯一樣。當然，有可能裡面是空的，或是裝成其他的物質，例如礦泉水的寶特瓶裝汽油，油桶裡面貯存砂糖……。

暫且不談這些例外情況，容器通常會裝進符合大家想像的東西。在邏輯表現力中，主題也是如此。雖然主題並非訊息，不過它可以限制住訊息的內容範圍。在後面的章節裡，你將學到在設計訊息時活用主題的技巧。現階段，請先理解「主題」這個概念。

■用「主題」標示「訊息」的範圍

例如，「關於東京都杉並區」這個表現，就是一種主題。這樣的表現可以促使接收者先有心理準備：「他接下來應該會傳達一些，跟東京都杉並區相關的訊息。」至於杉並區是什麼？發生了什麼事？這些訊息完全沒有傳達。「關於東京都杉並區」這句話，就是訊息的容器（裝進去的是關於東京都杉並區的資訊）。

稍加改變，現在「杉並區為東京都二十三區中，人口第六多的區」這個句子，變成包含主詞、述詞的訊息。以種類來說，它屬於記述訊息。它只說到杉並區是二十三區中人口第六多的區，並沒有明確說出好或不好，比它多如何、比它少又如何，看不出明確的評價。

假設我們把「關於東京都杉並區」改成「關於東京都杉並區的人口」，它仍然是個主題，沒有改變。不過，作為容器的主題，開始限定裡面的訊息只能跟人口有關。容器與內容物的關係，有點像是用真空袋裝東西，不管容器和內容物多麼靠近，兩者在本質上還是不同。**主題限定了訊息可以開展的領域，但是主題並非訊息**。

舉例來說，「本產品的優越性」是主題。另外，「本產品是優秀的產品」則是訊息。同樣的，「競爭對手分析」是主題，因為裡面會談到的都是關於競爭對手的訊息。主題並不是訊息，所以不會是完整句子，而是名詞短句：「關於○○」。主題並非包含主詞、述詞的句子。當然，「關於……」這兩個字可以加進去，也可以省略。

「關於主題」這一句是主題，而「主題是訊息的容器」這一句則是訊息。

■盡量別把主題寫成一個句子

那麼，「低迷的需求」呢？這是一個句子嗎？答案是NO。為什麼呢？因為句子的定義是「包含主詞和述詞的明確表現」，所以剛才的例子當然不算。嚴格來說「低迷的需求」也不算訊息。不過，從「訊息性」的觀點來看，它在某種程度上，傳達出一種微妙的語感：「現在的需求處於低迷」。

在邏輯表現上，我並不鼓勵使用這種既不算是訊息，嚴格來說也不算是主題，但卻具有訊息影子的主題。主題就是主題，訊息就是訊息，最好有條理的分開使用。所以，如果要表達訊息，那就不是「低迷的需求」，應該是「現在的市場需求處於低迷」；如果要表達主題，可以用「需求動向」或「需求狀況」。

雖說如此，有時候基於某種理由，像是為了迎合上司的特殊喜好（要求你在主題中當中表達結論），無法將主題和訊息分開，那也沒辦法，只好折衷使用像是「擴大的市場」、「猶豫的競爭」、「強化的規則」等，帶有訊息性的主題。

講了一堆訊息，你會推理出主題嗎？

為了讓大家能夠理解「主題」的概念，我們試著從訊息找出主題為何，就像是從訊息推論出主題。例如，下面都是內容物，也就是訊息。

「A先生空降進入名古屋分公司。」
「A先生三年後轉調大阪分公司。」
「A先生現在任職於東京總公司的財務部。」

能容納這三則訊息的容器，也就是主題，應該是「A先生的工作經歷」，雖然內容都是跟他的職務有關，不過把主題訂成「A先生的履歷」也是可以的。再來，假設內容物的訊息為下面三則：

「A公司的銷售額穩定成長。」
「A公司的成本似乎提高了。」
「A公司正在推動事業的多角化經營。」

這三則訊息涵蓋了A公司整體的經營狀況，所以作為容器的主題，可以訂為「A公司的經營狀況」。

就像這樣，我們可以**從內容物的訊息逆推出主題**。在第三章中，我們會學到從訊息逆推主題的步驟。從具體的資訊推斷出蘊藏其中的「本質」，是邏輯表現力中非常重要的關鍵技巧。

■主題切忌「太扯」，有關的訊息量得夠多

接下來，請看下面三則訊息：

「A先生畢業於橫濱的小學。」
「A先生畢業於仙台的一所國、高中一貫制中學。」
「A先生畢業於東京的大學之後，進入企業工作。」

應該怎麼設定能裝進這三則訊息的主題？我想有的讀者已經很快決定將主題設定為「A先生的學歷」。但應該也有人正在猶豫，要不要將主題設定成「A先生的履歷」。以範例解答來說，經過一番苦思之後，我建議用「A先生的學歷」。

確實，這些訊息幾乎都在描述A先生的學歷。但惱人的是，它最後又加入一個資訊：「進入企業工作。」假設嚴格判斷這個資訊並不算是學歷的範疇，那就整體內容而言，以學歷來設定主題似乎太小了。也就是說，進企業工作這個資訊從容器中滿溢出來，無法被歸納進去。假設我們要做到滴水不漏，就只能換個大一點的容器。當然，也可以把「進入企業工作」這部分移除。可是，我們一開始就限定這些訊息不能更動，所以還是只能換大一點的容器。因此嚴格來說，主題應該是「A先生的履歷」。

等一下！現在換了這個主題，確實可以涵蓋所有的資訊，可是又會發生新的不相容的情況：內容物和容器的容量不一致。做到滴水不漏的代價，就是容器比內容物大太多了。感覺像是一個很大的容器，卻只裝進一點點東西。這種數量上的差異，比起剛才只多出進入企業工作這個資訊更糟糕，所以，我最後還是選擇內容物和容器的容量相配合的最佳方案。因此，這個案例的範例解答為「A先生的學歷」。

假使，訊息內容除了上面三則之外，又多加了A先生調職到哪裡，或是A先生換了什麼工作等資訊，這時候，當然主題適合訂成「A先生的履歷」。換句話說，主題與訊息在數量上的配合度，是設定主題的關鍵因素。

■用「時間」替主題定調，有吸引力

接下來，我設定以下訊息：

「某機關調查Z市場未來五年，規模成長三倍。」
「針對Z市場，許多廠商計畫今後投入新產品。」
「在不久的將來，Z市場的需求者，將擁有議價的能力。」

請大家想想看，你會怎麼設定這三則訊息的主題。首先很明顯的，這三則訊息都跟Z市場有關。所以，如果設定成「Z市場的分析」如何？沒錯吧，這些訊息都在分析Z市場。好，我們先把它當成選項之一。不過大家會不會覺得，就容器來說，這個主題太大了些？同樣的，「Z市場狀況」也可以當成候選項目，不過仍然太大了。

那麼，改成「Z市場的動向」如何？動向指的是「運動」加上「方向」。現在容器小了一點，在數量上跟內容物更能配合。沒錯，這些訊息都是關於Z市場的動向。只是，如果我們**從時間軸來看，會是如何？**以時間軸來說，這三則訊息共通的地方，都是在談未來的Z市場。

從這個觀點來看，「Z市場的動向」又太大了些，因為它沒有明確表示出時間軸。也就是說，你現在說的到底是過去的動向、現在的動向，還是未來的動向？如果從時間軸來考慮主題的設定，我們可以舉出幾個候補選項，像是「今後的Z市場」、「預測Z市場」等。還有，「未來的Z市場」也可以作為選項之一，「Z市場今後的動向」也是不錯的。

■主題定調時，你希望給人哪種印象？

接下來，看看解答範例「Z市場的未來性」、「Z市場的展望」。確實，這兩個答案都沒有時間軸的問題，兩者都是講未來的事。在這裡，我要問各位讀者，「未來性」和「展望」這兩個容器裡面裝的訊息，是以什麼樣的性質居多？是光明美好的，還是黑暗醜惡的？拿這個問題來詢問大家，我想大概有一半以上的人都會回答，「未來性」和「展望」是光明美好的。

那麼，我們接著用好消息和壞消息的觀點，來重新檢視訊息內容。

「某機關調查Z市場未來五年規模將成長三倍。」這則訊息大概會被解讀成好消息。不過，「針對Z市場，許多廠商計畫今後將投入新產品」、「在不久的將來，Z市場的需求者，將擁有議價的能力」這兩則訊息，對需求者來說確實是好消息，但是對於業者而言可能是壞消息。

例如，從廠商的立場來說，當這兩則訊息尚未確定是好消息或壞消息時，最好先不要在主題中放入光明美好的印象，以免最後結果容器標示和內容物不一致。因此，就範例解答而言，我建議改成「今後的Ｚ市場」或「預測Ｚ市場」。主題給人的印象，是否能和訊息配合，也是非常重要的。

■訊息分三種，主題性質得跟訊息一致

在設定主題時，我們除了要考慮所涵蓋範圍的大小、時間軸、印象等因素之外，也要考量主題與訊息種類是否可以整合在一起。如果要設定一個主題來包含「本公司應該變賣Ｚ事業」這則規範訊息，我們可以把「變賣Ｚ事業的提案」納入選項之一，因為它能夠整合主題與訊息。

如果想增加容器的容量，那麼可以省略Ｚ，改成「變賣事業的提案」。其中，重點在於「提案」這種主題的形式。有沒有包含Ｚ，是跟容器的大小有關，但如果這個主題的形式要跟「……應該」這類規範訊息一致，那麼就必須用「提案」。

如果我們把主題改成「變賣事業的重要性」，那麼「應該變賣」這則規範訊息就很難放得進去。原因在於，當主題是「重要性」時，暗示著裡面應該放「證明這麼做很重

要」的評價訊息才合適，而不是建議「應該」變賣。主題設定成「重要性」，結果內容卻是「應該……」，這兩者文不對題。各位在寫作時，最好**要確認訊息的種類與主題的形式是一致的**。

你可以自己演練

問題一：分辨訊息種類

請分辨下面的訊息種類。是記述、是評價？還是規範？

①氣象局報告，日本時間四日早上七時三十六分，南太平洋的所羅門群島西部吉佐島（Ghizo Island）海域發生芮氏規模七．二的地震。

②勞工薪資下降導致消費減少，物價下跌，最後企業會因為業績惡化，產生可怕的通貨緊縮螺旋（deflationary spiral）現象。

③在匯率效果無法預期之下，本公司必須依靠技術、品質、設計開拓新的市場。

④這輛車每公升汽油可以跑八十公里。

⑤上班族想要發揮出自己的實力，一定要學習邏輯表現力。

問題二：從訊息設定主題

請從下面多則訊息中引導出主題。這項練習是為了幫助你學會從一連串的訊息內容中，推算出作為容器的主題。

①A公司……

「打算廢止出生地主義」。

「任用新人時不問畢業於哪所大學」。

「實施全方位績效評估」。

「引進師徒制（mentor system）」。

「重新評估成果主義」。

②本公司……

「不模仿別家公司的產品」。
「默認暗中開發」。
「重視基礎研究」。
「每一個市場皆設有研發（R&D）據點」。
「積極與大學合作共同開發」。

③ 新產品終極號（Ultra Model）
「強項為擁有多介面」。
「內建兩百萬畫素高性能網路攝影機」。
「內建高性能無線網路，配備Redmouth 4.0」。

解答與說明

問題一：分辨訊息種類

① 記述訊息。不包含好壞判斷。
② 評價訊息。因為「可怕的」一詞濃厚的反映出好壞判斷的色彩。

③規範訊息。因為該訊息提示出應該採取的行動。

④記述訊息。假設訊息改為「省油錢的好車」，則為評價訊息。

⑤評價訊息。此句並未直接表達「應該……」等訊息，但許多讀者可能會以為「一定要」這個部分是個大問題，應該要解決。所以，無意識的進一步思考，把它解釋成規範訊息。

問題二：從訊息設定主題

①A公司的人事政策、A公司的人事方針。

②本公司的研發方針、本公司的研發特色。

③新產品終極號的強項、新產品終極號的特色、新產品終極號的評價（其範圍較廣泛）。

第 2 章

寫出流暢有力的文案

主詞、連接詞、具體性，三大重點

- 善用主詞，影響別人思考
- 文章一氣呵成，這就是邏輯思考
- 用字具體，表現負責的態度
- 分段：表達複數訊息的竅門
- 你可以自己演練

在第二章中，我們學習如何明瞭的表達訊息。從主詞、連接詞、具體性這三個層面，來學習表達的技巧。不論要傳達哪一種訊息，最重要的是「明瞭」——也就是扣緊主題。如果你傳達得夠明瞭，除了能讓你的訊息更有邏輯，也能提升訊息的說服力。另外，在本章最後，我們會學習複數訊息的集合體，也就是「分段」的概念。

■商業書寫先表現意識，再呈現意境

在第一章中，你知道**訊息**是構成文書的零件，並已經熟悉它們的種類，接著我們學習主題的概念。有了這些基礎之後，接下來在這一章中，我們要學習如何傳達簡明易懂的訊息給對方。

一則訊息是否容易理解，關鍵在於它的明瞭程度。我們必須追求表達上的明瞭，讓接收者能夠輕易解讀訊息。明瞭的訊息可以減輕接收者的負擔。相反的，如果目的是測驗對方的解讀能力，像是考試題目，那麼就可以故意增加解讀者的負擔，但這是例外。**商業文書不能讓讀者去推敲意境**，要盡量減少接收者的負擔。

要注意的是，我們接下來討論的「明瞭度」，指的是表達方式的明瞭，與訊息內容的難易程度無關。而且，並非只要遵循這些技巧，接收者就能迅速理解所有困難的內容。不過，就算內容難懂，至少我們可以以盡量減輕接收者的負擔為前提來表達，這有助於對方來理解內容。

■有意識的曖昧，也能成為明瞭表現

邏輯表現力注重明瞭的表現想法。但是，重視明瞭表現，不代表全面否定曖昧表現。換句話說，明瞭表現並非唯一表現方式，在實際操作上，我們可以假設各種狀況，有些狀況下，使用曖昧表現也是合理的。

但要特別注意的是，使用曖昧表現時，必須先認清狀況。換句話說，一定要有意識的使用。

例如，某家企業的股票暴跌，證券分析師A先生去拜訪該企業，向一位主管詢問其原因。他心想：「不管怎麼樣，最好都用明瞭表現！」於是他詰問主管：「貴公司股價暴跌，請問你們的經營團隊認為原因出在哪裡？」確實，這是明瞭表現。

但是，我不建議在這種情況下使用。因為影響了對方的心情，或許就得不到重要的資訊。而且，如果讓對方產生「這人真失禮」的印象，或許也會影響到他在證券業界的名聲，實在是有百害而無一利。這時候應該要使用一些戰術性的手段，下意識的使用委婉的表現，即使聽起來不那麼明瞭。例如，「可否請教，貴公司的股價發生劇烈變化，原因是什麼？」

邏輯表現力也講究尊敬對方，尊重對方的感情，這一點相當重要。總而言之，要盡量避免類似「原本想要明瞭表達、打開天窗說亮話，結果局面卻搞成一場糊塗」的狀況。最好是明瞭表現和曖昧表現兩種都能運用自如。**有意識的使用曖昧表現**，也算是一種明瞭表現。

■操作三種變數，讓訊息更明瞭

要讓訊息變得更明瞭，就要在句子的結構和印象上多下功夫。只要操作下面三種變數，就可以達到明瞭表現：

- 使用**主詞與述詞關係明確的句型**。
- 連接句子時**使用正確的邏輯連接詞**。
- 使用讓人產生印象的**具體表現**。

善用主詞，影響別人思考

■請愛用主詞與述詞關係明瞭的句子

如前述，有邏輯表現力的訊息，都是包含主詞和述詞的句子。所以，最重要的是在你的句子當中，主詞和述詞都很明確。邏輯表現力所追求的明瞭訊息的源頭，在於高度明確的主詞與述詞的關係。

句子當中的主詞，不是支配某種行動，就是處於某種特定狀態之下。「現在我正在寫原稿」的「我」是主詞；主詞，就是支配「正在寫」這個動作或狀態的主體。「正在寫」是述詞，述詞表示動作或狀態。「寫」是動作，「正在」是狀態。因此，「我」包含「寫」的動作，和「正在」的狀態。

關於主詞和述詞的文法解說，可以參考其他書籍，本書著重於實踐，各位只要把主詞當成動作或狀態的主體，把述詞當作是動作或狀態即可，兩者都是句子的成分。

明瞭表現，首先要注意的是**主詞是否明確**。

■說話沒主詞，別怪人家不懂你意思

很多人說：「日文是一種曖昧的語言。」假設這種批評為真，最大的理由我想應該是，日本人傾向不使用主詞，也就是習慣了排除行為者（編按：中文也經常會省略主詞）。我並非比較語言學學者，就我本身有限的經驗來說，我和英文奮戰前後也有四十年了，跟日文相較之下，兩者最大的不同確實在於「主詞」的明確程度。

例如，英文的「I love you」，常出現在日常會話或電影對白當中。直接翻成「我愛你」不是不行，可是通常在對話中，我們應該會說「好喜歡你」或是簡單兩個字「愛你」吧。至少在見面交談時會這麼說。這種情況下，就算省略主詞還是能傳達，只是若真有人誤解了，搞不清楚到底誰愛誰，那個人也太過無知了。

英文有時也會直接用「love you」，但這多半表達輕微的感覺，而非濃烈愛意。

■讓對方自行解釋主詞，很不保險

在省略主詞的時候，我們可以根據前後文的脈絡和狀況，推論出支配述詞的主詞。例如，在日常對話中聽到「肚子好餓喔……」，我們可以推斷主詞為說話者本人。如果我們對別人說「很累吧」，別人可以直覺推論出主詞為「你」。

可是，多半的情況並不像上面的例子那麼清楚。在必須釐清責任的商業文書中，你一定要清楚意識到：**欠缺主詞容易造成很大的誤解**。

例如，「本公司非常重視與A公司的獨家交易，可是最近開始與別家公司交易，讓人非常擔憂。」這句話，就非常麻煩。到底是誰最近與別家公司開始交易？是本公司還是A公司？到底是誰在擔憂呢？是本公司還是說話者本人、還是A公司呢？A公司指的是特定的個人呢？還是某個部門？

我們經常在說話時省略主詞，例如「應該關閉虧本的店鋪」這句話就沒有主詞，我們找不到「關閉」這個動作的行為者。然而，在商業文書中，如果欠缺行為者——也就是主詞，那麼責任歸屬就不清楚，所以一定要特別注意。

更誇張的說，有些句子的主詞與述詞關係很清楚，但是你仍然找不到行為者。例如，「產品多樣化」、「戰略兩極化」這種句型很常看到。沒錯，這些句子都有主詞和述詞，但是這些例句都使用不及物動詞（多樣化、兩極化這兩個動詞的後頭，沒有動作的承受者，也就是沒有受詞），所以找不到行為者。產品不會自己多樣化，戰略也不會自動兩極化，其中一定有行為者。

稍後我會提到，這種推演出行為者的過程，可以活化我們各個層面的思考。

■為什麼我們常常忘了用主詞？

為什麼我們對於行為者（主詞）不太在意？其中一個原因，或許跟過去我們身為農耕民族有關。

「種田」——誰？
「當然是全村的人啊，一個人怎麼種？」
「收割」——誰？
「當然也是全村的人，一個人怎麼收？」

可能，當時什麼事情都是大家一起做，於是就變成一種默契和前提了。但是，在重視行為者責任的商業溝通當中，傳達訊息時**必須意識到行為者，這種訓練非常重要**，可不能靠什麼默契。

像是剛才「應該關閉虧本的店鋪」這句話，若用被動態來表示：「虧本的店鋪應該被關閉」，可使主詞與述詞的關係較為明確。然而，這句話主詞、述詞都有，但還是不禁會讓人想問「被誰？」，只要沒有加入被誰關閉的相關資訊，就算是改成被動態也無濟於事。而且，被動態用多了很危險。

在商業文書中，我們經常看到使用被動態的表現，例如「○○被認為是」、「××被公認為」等。很多人因為想醞釀出客觀分析的感覺，所以經常使用被動的表現。事實上，站在接收者的立場，他們會開始不耐煩：「被認為、被公認，我懂。可是，到底是被誰認為、被誰公認呢？」

很多人無意識的使用被動態，直到接收者這麼一問，才開始思考行為者是誰，結果只能慌慌張張的回答：「社會上一般都這麼認為。」這種無意識忘記主詞，或是用被動表現的人，心底多少抱著可以矇混過去的念頭。

使用被動態，有很高的機率會隱蔽住行為者。或許，有時候為了保護行為者，不讓他出現，所以刻意使用被動態。

使用被動態有各種理由，除了前面說的製造出客觀分析的感覺，一般被認為還有以下理由：「聽起來格調較高」、「可以訴求被害者的傷痛」、「沒什麼信心，所以先別把話說死」等（連我說的這句話都用了被動態！）總而言之，使用被動態一定要很小心，不要濫用。

基於上面的想法，**為了讓訊息更加明瞭，最好還是以「清楚表現出主詞」的主動態，作為基本句型才是上策。**

■想要活化思考，用及物動詞就對了

即便是含有主詞的主動句，一旦使用「不及物動詞」（也就是讓受詞成了主詞，像是：電話要掛了、車要走了……），我們就會找不到行為者。

不管是為了釐清責任歸屬或是活化思考，我們應該注意，自己是否在無意識中使用不及物動詞。**主詞與及物動詞的思考方式，可以訓練我們意識到行為者，這種基礎訓練非常重要**。不管你最後決定用什麼句型，總之先使用及物動詞就對了。沒得用及物動詞時，那就用使役動詞「讓……」（腦筋動起來 vs. 讓腦筋動起來）。使用之後，你會發現心裡自動考慮到很多問題。

例如，我們常在車站聽到廣播：「門要關了」。「門要關了」這個句子用的是不及物動詞（編按：「關」的後面沒有受詞，門成了主詞），沒有指出誰是行為者。但是，電車的門並沒有生命，不會自己關，一定有人把它關起來。

好，現在你來試試看，把「門要關了」這個句子改成用及物動詞來表示，會變成「關門」，再放進主詞，就變成「車掌要關門了」。

想像一下，如果車站的廣播變成「請注意，車掌要關門了」，可能會發生什麼狀況？月臺上想要上車的乘客會嚷嚷：「先不要關！」、「為什麼關起來了？」，可能會開始找對象來交涉或提出要求。搞不好還會有人對開關車門的構造和時機點有興趣，問車掌：「你是怎麼關的？」

我要說的是，使用及物動詞，可以意識到行為者，並且活化我們的思考。為什麼？因為**行為者是活生生的人，他抱持的意圖、意志、希望，傳達給接收者後，可以刺激對方的腦部。**

因此，在邏輯表現上，我鼓勵大家使用及物動詞來思考事情。

■要對方別想、照辦，你就用不及物動詞

那麼「門要關了！」聽起來如何呢？感覺像門會開開關關是自然現象。聽起來就像契約書上面會出現的「不可抗拒的力量（force majeure）」，因為自然現象實在找不到行為者，「無奈」之下只好接受。例如，「下雨」、「風吹」、「春天來了」等，真的就是自然現象，不太可能用人為的方式阻止它們發生，這時候適合用不及物動詞。

應該不會有人望著窗外，然後說：「雲讓雨降下來了。」這時候使用及物動詞表現反而不自然！但是，不管雲本身有沒有意願或企圖，如果你用及物動詞表現的話，很自然的會產生疑問：「雲如何產生降雨？」也就是說，**用主詞與及物動詞的思考方式，會勾起疑問，你就比較有機會活化自己的思考。**

相反的，想讓思考僵化，要訊息接收者照辦，多用不及物動詞效果會很好。剛才說的「門要關了」就是很好的例子。車站裡面的廣播，大家比較常聽到「門要關了」、還是「要關門了」？根據高杉事務所的調查，結果差距還挺大的，「門要關了」獲得壓倒性的勝利。

這樣的結果絕非偶然。為了防止時刻表大亂，站在站員的立場，絕對不希望乘客產

生不必要的疑問，所以把門的開關表示成自然現象是很正常的。雖然，我無法確定站員是否意識到這點，所以才說「門要關了」，不過用不及物動詞的廣播比較多，是不爭的事實。大家可以利用通勤時調查看看。

最後，請容我講一點不相關的閒談，以前我曾經在民營鐵道沿線某個車站裡，在月臺聽到一次奇怪的廣播：「門要關起〇〇了……」（編按：這裡的「門」是主詞，「關」是及物動詞，但後面卻沒有受詞。）我嚇了一大跳沒站穩，差點掉進鐵軌！（這意思是門是行為者？）

■刺激自己思考？不刺激他思考？

最好一開始就用及物動詞思考，也就是說**你的思考要不斷意識到行為者**。可是，在最終訊息中，最好還是分別使用及物動詞和不及物動詞來表現。例如，我們常在商業文書中看到「可望成長」、「利益值得期待」等詞句。關於市場，我們會自然從日常業務的經驗中，直覺判斷它「可望成長」。

從文法上嚴格來看，「可望成長」是不及物動詞的表現，因為句子裡沒有出現行為者。現在我們改用及物動詞試看看。確實，市場可望成長或許是屬於自然現象，但我們刻意改用及物動詞思考，也就是說要大家意識到行為者——主詞。如果把句子改成「我預測這個市場會成長」，那麼一下子就會冒出許多問題：

「為什麼你預測市場會成長？」

「你從什麼觀點預測市場會成長？」

「別人覺得市場不會成長嗎？」

「說不定，這只是你個人的偏見罷了？」

換句話說，用及物動詞思考較容易客觀分析行為者，也就是思考的主體——我。你甚至可以再往外跳開一層，以聽眾角色分析身為觀察者的自己，平常我們的思考很難做到這個地步。

「利益值得期待」這句話也是一樣。先不要用不及物動詞思考「利益值得期待」，改成用及物動詞來思考，意識到行為者「我」的存在，把訊息替換成「我期待能產生利益」。如此一來，便可以更清醒的分析產生利益的相關理由。搞不好，你會發現對利益的期待並沒有太大的根據，純粹只是自己希望如此罷了。

邏輯表現力的核心觀念就是，思考正在思考的我，也就是「後設思考」（meta-thinking）。藉由行為者（主詞）與及物動詞的表現，我們比較容易實踐後設思考。

當然，有可能行為者（主詞）不是自己，而是其他人。例如，我們將不及物動詞的訊息：「產品多樣化」、「戰略兩極化」，改成用及物動詞（嚴格來說是使役動詞）來表現，這時它們的主詞可能會變成「競爭對手B公司讓商品多樣化」、「多數業界大老都將戰略兩極化」。不管行為者是不是自己，及物動詞都能活化思考，有加分的作用。

當然，不能保證只要用及物動詞思考，就一定可以確實分析，但至少可以提高活化思考的機率。

同樣的，使用不及物動詞不一定會僵化對方的思考，只不過可以提高讓他覺得「順理成章」的機率。所以，當你傳達最終的訊息給對方時，有一個小技巧很有用，那就是一開始先確實的敘述根據，最後再用不及物動詞來下結論：「根據以上分析，本市場可望獲利」。

■沒頭沒腦的原因：要我推測主詞與述詞的關係

前面我們講完不及物動詞與及物動詞，也學到主詞的重要性。不過，實際上，要理解主詞與述詞的關係並不容易。有時候，即使一則訊息裡面有主詞，我們也很難斷定真正的主詞是哪個？例如，「長頸鹿的脖子很長」這一句的主詞是誰？這裡，我們用消去法大概可以推測得出來。「長頸鹿很長」意思不通，所以主詞應該是「脖子」。

那麼，接下來這個如何？「跳蚤身體很小」這一句就跟長頸鹿不同，很麻煩。沒辦法用消去法。因為「跳蚤很小」意思通而且很合理。那麼，這一句的主詞與述詞關係到底是「跳蚤很小」，還是「身體很小」，我們並不清楚。「跳蚤」和「身體」都有可能是主詞。

再來，「今天想吃烏龍麵」這句話如何？可以推論出它的主詞嗎？述詞是「想吃」，這很明顯。烏龍麵是主詞嗎？應該不是吧。我們很難想像身為食物的「烏龍麵」會成為行為者。難不成「今天」是主詞？也不是，因為今天是個時間，它不會自己想吃烏龍麵。

可能已經有人發現了，這句根本沒有主詞，它漏掉主詞了。但是，我們還是可以推測出主詞。主詞應該就是說話者，也就是「我」。只是它沒有被文字資訊表示出來而已。嚴格來說，這一個句子沒有主詞。諸如此類，有時候推測主詞還挺麻煩的。

英文的語順規定非常嚴格。如果把「I love you」改成「love you I」或「you love I」，意思都不通。而日文則沒有這個問題，「我愛你」可以改成「愛你，我」或是「你，我愛」，都可以通，而且語順改變，還會醞釀出各種不同的語感。英文的話，只能靠語調來表達。

有好就有壞，因為如此一來句子的結構就很模糊。像是「烏龍麵，想吃」。是

「誰」想吃烏龍麵？依照這句話的情境來說，應該是說話者本人。應該不會有人把烏龍麵當成主詞吧？烏龍麵想吃誰呢？

同樣的，「色狼不能原諒」也是個經典例子。

我曾經站在張貼於車站內的海報前面，疑惑了一陣子：「到底，色狼不能原諒什麼東西啊，怎麼沒寫完？」我曾經在企業研習說出這段經驗，結果引來參加者哄堂大笑：「會想這種奇怪問題的人，大概也只有老師你了」、「這句話當然是在說『我們不能原諒色狼』」。

沒錯，「色狼不能原諒」的意思很明顯，但是以邏輯表現力來說，就是缺漏了主詞，應該要放入主詞。否則，「老闆不能原諒」又是什麼意思？按照色狼這句話的邏輯，不就是「我們不能原諒老闆」了？

順帶一提，某家知名企業的玄關大廳裡面，貼了一張大海報寫著：「職場騷擾不能原諒」。

■想吃麵的是今天，不是我？

我們在閱讀或寫文章時，還會讀到或寫過一種刻意設定主題的句子。例如，「長頸鹿，脖子很長」這句是在強調「我要說的是長頸鹿」。「跳蚤，身體很小」也是一樣，表示我設定了主題，說的是跳蚤。「今天，想吃烏龍麵」也是一樣，意思是：「我要說的不是昨天、不是明天，而是今天。」

為什麼在邏輯表現力當中，特別重視這種句型呢？原因在於，**這種設定主題句子，經常會搶掉原本的主詞**。如此一來，文章的基本構造，也就是主詞與述詞的關係，就會不清楚。如同前面所述，這種句子偶爾使用可以強調語氣，但如果用太多，我們就很難推斷出主詞是什麼（今天是主詞，或者我是主詞？但偏偏「我」在句子裡頭沒出現）。一旦主詞與述詞的關係不明瞭，訊息的表達一定也跟著模糊。追求文章明瞭表現的第一法則，是明瞭的主詞與述詞關係，設定主題的句子用太多，只會徒增混亂而已。

總而言之，最好只強調主詞，才能確保文章結構中主詞與述詞的關係明瞭。

■邏輯——將沒意識到的思考方式意識化

為了讓讀者能夠正確使用主詞與述詞關係明瞭的句型，我在句子的寫法上花了不少篇幅，可能有讀者會開始覺得：「原來，邏輯表現力就是在講小學生造句啊。」我告訴大家，絕非如此。

注意句子的結構固然很重要沒錯，可是現在大家要進入更重要的階段，那就是透過這種作業練習，將平常**沒意識到的思考方式「意識化」**。無意識思考的意識化，是邏輯表現中非常重要的過程。

所謂「進行邏輯思考」，無非就是「將自己的思維導向邏輯性」。而這個過程的前提，在於無意識思考的意識化。如果我們的思考完全在無意識下作業，根本就不可能將思維導向邏輯性的方向。其原因在於，當你沒有自覺，思維便會跟你漸行漸遠。當然，我們不可能百分之百意識到自己的思考，可是至少可以做到某個程度。**只要你能意識到思考，那麼駕馭它的可能性就大幅增加**。所以，思考的意識化是邏輯表現力中非常重要的作業。

這幾年，商業界開始廣泛認知到邏輯思考的重要性，出版了不少指南書。但很可惜的是，據我所知，沒有一本書重視無意識思考意識化的重要性。少了這項作業，就等於堵住邏輯思考最初的源頭。

我們前面在討論句子的微小差異所造成的意思差異，這個過程就是將我們平常在無意識下運作的思考意識化。現在大家應該了解，剛才並非純粹在複習小學生的造句。

■語言就是思考的工具，要掌握語言

到目前為止，我們解說了文章和句型的基本結構。其最主要的用意，**是讓大家學會如何把語言當作思考工具**。語言，是表現思考的素材，但同時也是用來思考的工具。以撰寫報告來說，語言是思考的工具，但同時又是報告的素材。一般來說，工具和素材是不同的東西。例如，蓋房子的時候，刨子、榔頭、鋸子是工具；木材或其他的建材是素材。素材與道具完全不一樣。畫畫也是如此，畫筆和調色盤是工具，顏料是素材，兩者不同。

可惜的是，在我們平常的生活和教育中，幾乎從未把語言當作思考工具。國文教育主要在強調文化、道德、歷史、文學。現在，唯一將語文當作思考工具的課程只有一個，那就是我們以前上的英文課。

把英文翻譯成國語，或把國語翻譯成英文，在這來來去去的過程中，我們透過英文的文法，將語言當作思考的工具。可是，現在的英文教育重視聽和說，因此這種觀念也漸漸淡薄了。

正因為如此，我才希望在邏輯表現力中，強調「下意識將語言當作思考工具」的重要性。

■視情況，主詞有時該刻意省略

讓我們回到主題，如何讓文章的結構明瞭。前面討論的觀點告訴我們，最好多使用主詞與述詞關係明瞭的句型，但並非所有情況都是如此。有時候，省略主詞感覺上會比較流暢。這時候，如果故意加進主詞，反而可能導致接收者過度將注意力集中在主詞上。例如，你說了一段話之後，強調「**我個人**這麼認為」，等於是去引誘接收者去想：「**你個人**這麼認為，那麼別人可能不這麼認為囉？」如果你的本意並非誘導對方有這種想法，那麼不要強調「我個人」，會比較好。

可是，當你省略了主詞，就得注意對方會不會誤解你想傳達的具體內容，這要先想清楚。最好在草稿階段，就清楚的標示出每個句子的主詞，之後再一個個判斷，哪些地方省略主詞比較好，然後刻意省略。

■這種句子，讓人喘不上氣

接著，我要說明怎麼樣讓主詞更加明瞭。首先，記得要讓主詞與述詞盡量靠近一點，才能清楚表達「什麼事怎麼了？」、「什麼事是什麼？」、「誰應該做什麼？」等訊息。這時候可以使用兩種方法：一是縮短主詞與述詞之間的說明；二是依據情況，分成兩個句子來做說明。

例如，在下面這個句子中，主詞與述詞離得太遠了。

> **業務部長**在前天的例會中，聽到各業務據點報告的業務進度比預期來得好，以及各據點關於倫理提升所做的說明之後，**感到非常滿意**。

主詞與述詞之間，相隔了幾十個字，何不讓它們靠近一點？應該更好理解。

改善方法一

> 在前天的例會中，聽到各業務據點報告的業務進度比預期來得好，以及各據點所做的關於倫理提升的說明之後，**業務部長感到非常滿意**。

現在主詞與述詞確實靠近了，不過主要句子出現前的前置文字，居然多達將近五十個字，唸起來還是很累。

改善方法二

業務部長感到非常滿意，**因為他**在前天的例會中，聽到各業務據點報告的業務進度比預期來得好，也聽到各據點所做的關於倫理提升的說明。

先說出結論，原因的部分在其他地方再做說明，這是這個方法的優點。可是，在原因說明中，主詞的「他」與述詞的「聽到」還是相隔太遠，必須讓它們再靠近一些。

改善方法三

業務部長在前天的例會中感到非常滿意。因為他聽到各業務據點報告的業務進度比預期來得好，也聽到各據點所做的關於倫理提升的說明。

在原因說明中，我特別把「在前天的例會中」這句話拉出來，移到結論部分的主詞與述詞中間。同時，把原來在後面的述詞（聽到）拉到前面，使它更加靠近原因說明的主詞（他）。

■連來兩個主詞，讓人困惑

邏輯表現力所說的訊息，是指主詞與述詞關係明瞭的句子。基本上一個句子當中，只會出現一組主詞與述詞關係。如果出現兩句對等的句子，則稱為「複句」，裡面便含有兩組主詞與述詞關係。例如：

> 邏輯表現力（主詞1）為商業人士必學的技巧（述詞1）。可是，具有系統性的學習機會（主詞2）卻意外的少（述詞2）。

還有一種「複句」是，在一句主詞與述詞關係成立的句子結構中，又出現另一對主詞與述詞關係句子。例如：

> 邏輯表現力（主詞1）系統性的學習機會（主詞2）意外的少（述詞2），卻又是商業人士必學的技巧（述詞1）。

在一個句子中，我們要盡量限制主詞與述詞關係的數量，最多不要超過兩組。這不是在玩撲克牌，所以不要以為拿到三條或鐵支會更好。

為了再次提醒讀者主詞的重要性，我舉出一個江戶時代有名的小故事來說明。

偷柿賊

暗夜裡，兩名年輕男子正悄悄的交談。「今天晚上趁著夜黑風高，咱們正好可以偷隔壁的柿子。」

「嗯，那我爬上樹，用木棒把柿子敲下來，你在下面撿。」

話說完，一名男子立刻爬到樹上，用木棒敲柿子，柿子一個個掉到地上。負責撿拾的男子急忙撿起柿子，但是天色實在太暗了，一不小心失足跌入水溝。水溝還挺深的，他怎麼爬也爬不上來。

「喂，掉下去了，掉下去了。」掉進水溝的男子壓低聲音叫道。

「當然掉下去啦，因為是我敲的。」

「不是啦，掉下去了，掉下去了。」

「這不是廢話嗎？趕快撿啊。」

「不是啦，掉到水溝裡了。」

「掉到水溝裡的就不要撿了。」

「……。」

這個例子說明了，遺漏主詞會造成多大的誤會。

文章一氣呵成，這就是邏輯思考

■小看連接詞，思考就成了一團糨糊

前面提到，「曖昧」是因為我們省略主詞，導致訊息與訊息之間的連接模糊不清。在商業文書、新聞報導、會話等溝通媒介中，我們很常看到一些不清不楚的接續語（譯注：在日文文法中，接續語依附在動詞變化或形容詞變化後面，通常有多種解釋，必須依賴上下文推斷，不像中文的連接詞意思那麼明確）。這些連接詞，都是把主詞的複數可能解釋連接起來的表現方式。

曖昧的連接詞無法明確的連結複數訊息，因此成為阻礙資訊傳達的最主要因素。每一則訊息之間的關係如果曖昧不清，那麼上下文的關係以及主旨，當然也就變得曖昧不明。所以，為了傳達正確的意思，大家應該盡量正確的使用邏輯連接詞，以清楚表明訊

息與訊息之間的關聯。

當我思考邏輯連接詞時，不禁覺得經常聽到的「日文是一種曖昧的語言」這種說法並不正確。原因在於，不是日文這個語言的表現讓人感覺曖昧，問題出在使用者本身。如果日語的本質就是曖昧，那不就表示只要使用日文，就永遠表達不清楚？在邏輯表現力中，訊息的明瞭度端賴使用者的表達，其影響大於語言本身。

同樣的，將邏輯套用在主詞上也是如此。日文並非沒有主詞的概念，而是使用者不習慣意識到行為者，也就是主詞。相反的，大家都說英文是表達明瞭的語言，但是只要連續使用太多「but」和「and」，句子的意思一樣模糊不清。換句話說，一個句子表達得明不明瞭，最終仍必須回歸到語言使用者本身。

請大家多多活用我整理出來的「高杉邏輯連接詞表」（見第八十八頁圖表2-1）。現在，很多企業都採用這份邏輯連接詞表。但是，它還不是最終版，頂多算是一份入門導覽，在內容的全面性上尚嫌不足，還需要繼續補充很多邏輯連接詞。

■連接詞有哪些?狀況一：你想「追加」說明，還是「歸結」因果?

狀況一：由於景氣惡化，各營利事業開始陷入苦境，住宅行情持續下跌。

這句話中出現了曖昧的語意接續，究竟「陷入苦境」與「行情下跌」這兩個訊息之間表示何種關係？是表示一個關聯性鬆散的追加資訊，還是表示一個緊密連結的因果關係？看第一遍的人不會有想法，傳遞者（你）得引導他。

如果你想表達的是「追加」說明（比上一則訊息更具體）的話，應該改成「由於景氣惡化，各營利企業開始陷入苦境，**不僅如此**，住宅行情也持續下跌」比較好。其他還有很多表示追加語氣的連接詞，像是「除此之外」、「而且」等。

如果想拆成兩句來說明，句子可以改成：由於景氣惡化，各營利企業開始陷入苦境。**而且**，住宅行情也持續下跌。除了「而且」之外，還可以用「並且」、「此外」。如果想表示強調，還有很多選擇，像是「特別是」、「同時」、「尤其」等。

如果想表示因果關係，可以用結果在前、原因在後的「理由」連接詞，或者是反過來，原因在前、結果在後的「歸結」連接詞。

如果用歸結連接詞，句子會是這樣：「由於景氣惡化，各營利企業開始陷入苦境，**所以**住宅行情持續下跌。」其中，表示原因的「各營利企業開始陷入苦境」，在支持著結論「所以住宅行情持續下跌」。在歸結連接詞方面，一般還可以使用「因此」等。另外，就像追加說明的連接詞一樣，歸結接續也可以拆成兩句來說明。例如，「由於景氣惡化，各營利企業開始陷入苦境。**結果**，住宅行情持續下跌」。

圖表2-1　高杉邏輯連接詞表

順接與附加		
	追加	還有、並且、再加上、以及、不僅如此、不只、理所當然、另外、除了、同時、特別是、而且、除此之外、尤其、甚至。
	對比	並列：另外、另一方面、相對的。 表時間：同時、以來、以後、以前。
	解說	延伸：總而言之、也就是說、具體的說、例如、其實、原本、順帶一提。 總結：像這樣、總而言之、總的來說、綜合來說、簡言之。 換句：換句話說、講白了、換言之。
	條件	如果、假設、假如……的話、如果不是……的話、根據、只要、至少、有……的話、而且。
	選擇	或者、或是、或如、不如、還是。

（續下頁）

順接與論證	理由	為什麼、所謂的、理由是、原因是、因為、由於。
	歸結	因此、正因為、由於、基於、結果、綜合……觀點、所以、於是。
	手段	藉由、藉著。
	目的	為了、為此。

逆接	反轉	可是、但是、雖然、不過。
	限制	要注意的是、雖說如此……沒錯但、相反的。
	讓步	當然、確實、沒錯。
	轉換	對了、那麼、接下來。

■連接詞怎麼用？狀況二：你想「追加」說明，還是強調「手段」？

狀況二：削減對各國課予的義務，推行排放交易（emission trading，高污染的企業向低污染的企業購買排放權利），為一種有效方式。

從上下文來看，後面的句子可以用「追加」連接詞來接續，也可以用「手段」連接詞來接續（端視你要表達哪種意思）。如果是追加的意思，那就要改成與狀況一相同的句型：「削減課予各國的義務，**並且**促使排放交易，為一有效方式」。「並且」只是追加用語的其中一個，你也可以用「還有」。

假設「削減對各國所課予的義務」是一種手段，那麼它的目的就是「推行排放交易」，這時候要用「手段」連接詞來接續。「**藉由**削減課予各國的義務，（目的是）促使排放交易，為一種有效的方式」。

問題不在於這個句子的正確解釋，兩者到底是追加關係，還是手段關係，因為我們沒有足夠材料可供判斷，而且我的原意也不是要大家找出這句話的正確連接詞。以上這些嘗試的目的在於，如何藉由連接詞來表達訊息與訊息之間的明瞭關係。

■廣告文宣，這樣潤飾後才有力

從以下這篇刊登在某報社網路上的廣告文案，可以找出幾個存在「曖昧接續」的地方，包括不是連接詞的部分也一樣。我們一起來分析和潤飾吧，應該加上接續連接詞的地方，我會標出號碼。

■這種文案，你看得出毛病在哪嗎？

○○家電的高性能微波烤箱

○○家電的「石窯微波烤箱DT-C400」將於九月一號開始販售！①短時間達到適合調理的溫度，調理時食材美味不流失。②配備高出力的加熱器和風扇。③烤箱內的熱量供給比舊機種提升三六％。④達到使用頻率最高的攝氏兩百度左右的溫度，時間僅約五分鐘。⑤比舊有機種快三分鐘。⑥烤箱調理和超高溫水蒸氣調理的最高溫度，各為三百五十度和四百度。⑦比舊機種各提高五十度。⑧可縮短調理時間。⑨搭載新功能水蒸氣調理，能配合食材讓溫度適當保持在三十五至九十五度之間。⑩可烤出三分熟和五分熟等不同熟度的牛排。⑪減少因加熱而流失的維他命。

> ⑫有金色、銀色兩種顏色可供選擇。⑬開放式價格。⑭但預估店頭實際售價約十萬日圓左右。

很難閱讀的文案，是吧？現在我們來逐一檢查：

①應該表示何種前後關係呢？看起來不像單純的追加。「短時間達到適合調理的溫度」與「食材美味不流失」之間的關係，似乎挺緊密的。假設前者是理由，那麼後者就是結果，它們是歸結關係。因此，改善方法之一，是「短時間達到適合調理的溫度，**所以（或「因此」）**調理時食材美味不流失。」

不過，還有另一種可能，前者是手段，後者是目的，這樣就會變成：「**藉由**短時間達到適合調理的溫度，調理時食材美味不流失。」

因果關係與手段關係看起來很相似，到底差在哪裡？其差別在於，有無反映出行為者的「意圖」。例如，「他按下開關，所以空調開了」表示因果關係。開關被按下了，所以空調便開始運作，因果關係非常單純，我們感受不到他積極想要打開空調的意圖。這裡的述詞是不及物動詞「開了」。如果句子改成「他藉著按下開關，讓空調打開了。」則顯然有強調行為者的意圖。所以，這一句話呈現出手段關係，述詞用了使役動詞「讓……打開」。

回到原文，〇〇家電開發微波烤箱的目的在於，要讓消費者調理時食材的美味不會流失，我推斷這裡是手段目的關係（此處的討論僅限於插入連接詞，至於文案該如何寫得精簡，會放在後面的章節中說明）。

第一段的後半部分似乎都在說明，微波烤箱如何在短時間內達到適當的溫度，所以為了讓②的前後關係可以更加明瞭，應該要加入：「如何在短時間內達到適當溫度。」但這樣句子太長，改成直接加入解說連接詞「具體來說」、「也就是說」即可。

③也是曖昧不明，各位讀者應該已經發現，這裡是「手段目的」的關係，所以應該改成：「**由於**配備高出力的加熱器和風扇，烤箱內的熱量供給比舊有機種提升三六%。」

④語氣沒有接續，不過從以下這兩句話：「烤箱內的熱量供給比舊有機種提高三六%」和「達到使用頻率最高的攝氏兩百度左右，時間僅約五分鐘」，可以看出彼此的關係。由於前者是後者的原因、後者是前者的結果，因此兩者是歸結關係。所以，④這一句可以加進「因此」。

⑤的地方，「僅約五分鐘」與分段最後的「比舊有機種快三分鐘」，應該屬於歸結關係，像是「由於只要約五分鐘」、「因為只要約五分鐘」等。可是，如此一來，在連

接的地方，歸結關係出現太多遍了，所以我們可以將「比舊有機種快三分鐘」當作修飾語，搬到「僅約五分鐘」之前，變成「達到兩百度左右的溫度帶，時間比舊有機種快三分鐘，僅約五分鐘」。改成這樣，原文中希望強調的「快三分鐘」也能夠完整傳達。

第二分段是附加說明第一分段「調理時食材美味不流失」的賣點，也就是這臺微波烤箱的優點。所以⑥的地方，可以再加一個追加連接詞：「其他優點像是」。

⑦的地方，說明了三百五十度和四百度是各提高五十度這項訊息，但是沒有主詞。其實，將⑦前面的句號改成逗號，語氣就連貫起來了。

⑧為典型的曖昧語氣，應該好好的用歸結連接詞來表示：「比舊有機種各提高五十度，**因此**可縮短調理時間」。當然，如果你要改成「所以」、「結果」、「於是」等連接詞也可以。

⑨的後面在介紹與前面不同的優點，所以放一個追加連接詞「不僅如此」。如果說「適當保持溫度的功能」可以「烤出不同熟度的牛排」，以及「減少因加熱流失的維他命」，那麼⑩就是歸結關係（加上因此、所以、結果）。另外，⑪直接連結前面的「烤出不同熟度的牛排」，以及後面的「減少因加熱流失的維他命」，所以應該是插入追加連接詞，像是「同時」、「以及」等。

最後一段出現很多選項，還有關於價格的資訊，看起來不太像是優點。這時候，如果⑫追加的資訊重要性較低，那麼可以使用「順帶一提」等解說連接詞。⑬也是追加資訊，可以加進追加連接詞「還有」，或者像原文一樣省略也無妨，因為顏色和價格之間沒有太大的關係。

⑭「……開放價格，**但**……」的「但」字應該是「逆接」的意思沒錯，大概是要表達：「價格為開放式，也就是說，廠商沒有期望的零售價，店家要賣多少錢都可以，不過從批發價到店家的零售獲利，一路算下來，（誰）估算店頭實際售價大約在十萬日圓左右。」

要注意的是，使用這個「但」字之後，是誰來預測店頭實際售價是十萬日圓呢？是製造商○○家電、零售店，還是報社的記者？不管是誰的預測，改成「但一般預估」，比較可以停住接收者的追問。

最後，我們重新確認一下潤飾後的結果：

> ○○家電的「石窯微波烤箱DT-C400」將於九月一號開始販售！①**藉由**短時間達到適合調理的溫度，調理時食材美味不流失。②具體來說，**由於**③配備高出力的加熱器和風扇，烤箱內的熱量供給比舊有機種提升三六％，④**因**

> **此**，達到使用頻率最高的攝氏兩百度左右的溫度，時間⑤比舊有機種快三分鐘，僅約五分鐘。
>
> **其他優點像是**⑥烤箱調理和過熱水蒸氣調理的最高溫度各為三百五十度和四百度，⑦比舊有機種各提高五十度⑧，**因此**可縮短調理時間。⑨**另外**，搭載新功能水蒸氣調理，能配合食材讓溫度適當保持在三十五至九十五度之間。**因此**⑩可烤出三分熟和五分熟等不同熟度的牛排，⑪**以及**減少因加熱流失的維他命。
>
> ⑫**順帶一提**，有金色、銀色兩種選擇。⑬開放式價格，**但一般預估**⑭店頭實際售價約十萬日圓左右。

■重點都寫了，但為何讀不下去？

因為曖昧的句子很好用。寫作者根本不用思考整個訊息的脈絡，只需要排列句子就一路寫下去，真是太方便了。反正都在講同一件事、同一個產品，相關的句子總是接得下去，而且乍看之下還似乎有脈絡可循。

對於寫作者來說，沒有比這樣寫文章更輕鬆的事了，所以忍不住就會這麼做。其實當我感到疲累的時候，也會不知不覺過多使用前後意義不明確的曖昧語句，但是讀者可就慘了。

■曖昧接續害人腦筋卡卡

就像你剛才看到的廣告文案一般，用一連串關係曖昧的句子來排列訊息，根本無法連結意思。或許，寫作者的目的真的就是這樣也說不定。可是，當你全部都用關係曖昧的句子來連結意義，很抱歉，你就無法明瞭表達出訊息之間的關聯，訊息當然很難傳達給對方。大概所有的接收者迅速瀏覽一遍這種文章後，會覺得似懂非懂，不然就是覺得「這到底在說什麼啊……」，然後不了了之。

即使有時候訊息還是順利的傳達給對方了，但那只是運氣好，不然就是對方很聰明，自己能將曖昧接續轉換成邏輯接續，就像我們剛才做的那樣。但是，有多少接收者願意做這件麻煩事？

曖昧的語句連接，會對接收者造成極大的負擔及困擾，同時也是訊息傳遞者不負責任的行為。

連接詞是文章「通順」的靈魂

當接收者感到「這份文書真難懂」時，可能有幾個原因。首先，你可以從「原來這份文書的目的是什麼？」這種較大範圍的問題開始思考。例如，這份文書最終想要傳達的是「記述性訊息」、評斷某事物孰優孰劣的「評斷訊息」，還是提出某種具體行動的「規範訊息」？換句話說，如果訊息種類曖昧不明，對方便無法掌握宏觀上的理解。

其次，有時候問題出在構成文章的零件上，也就是個別訊息，這意味著對方在微觀上的理解出現困難。

有時候對方已經大致理解宏觀和微觀上的觀念，也就是說，每一個零件分開來看都能懂，可是讀完整份文章，仍然覺得難以理解，那麼這時候的問題，應該是文章不夠「通順」。

我們常被要求「寫文章要通順」。其實，**「通順」是具體建立在邏輯連接詞上**，因為所謂「通順」就是指每則訊息之間的前後關係。文章通不通順，全在於你是否能將**每則訊息之間的前後關係，清楚的傳達給對方**。

接續每個句子的關係，就是邏輯思考

每則訊息之間的關係是複數的層級。一般來說，如果是商業文書，因為篇幅較長，所以通常由好幾個「章」所構成，章與章之間的訊息都得有關聯。章的訊息在金字塔結構中屬於關鍵訊息。我會在下一章詳細說明何謂金字塔結構。而關鍵訊息和關鍵訊息之間的接續關係，就成為整份文書所展開的巨大故事。

章是由複數的「分段」所構成，每個分段之間的訊息必須有關係。每個分段在金字塔結構中，屬於次要層級的訊息。分段是由複數句子（句子就是訊息，構成文書的最小單位）構成，所以分段的層次發生在句與句之間的關係中。以金字塔結構來說，章與章之間的關係，以及分段與分段之間的關係，為同層級中的橫向關係。

除此之外，不僅整份文書的訊息與「章訊息」之間有關係，連章訊息與分段訊息之間，甚至是分段訊息和個別的句子之間都有關係。以金字塔結構來說，它們形成了上下不同層級的縱向關係。

總而言之，不管在哪一層級，都會互相和其他訊息產生關係。這些關係都要靠邏輯連接詞來表達。**思考如何加入邏輯接續的過程本身，就是一種邏輯思考。**

製作一份通順的文書，其實就是讓句子明瞭的連接起來的作業。用邏輯來接續可以讓訊息之間的關係明瞭，減輕接收者的負擔。為什麼呢？因為接收者不必花功夫釐清上下文的關係就可以理解內容。只要正確使用邏輯連接詞，對方便可以輕鬆理解上下文的關係。例如，只要出現「因此」，對方立即知道，你是根據前述來下後面的結論。如果你使用曖昧的接續方式，對方就無法確定，你到底想要表達追加或歸結，結果造成理解上的負擔。

假如使用「藉由……」，那麼幾乎不用思考，一下子就能想到你前面會講到手段，後面會講到目的。如果使用曖昧的接續方式，對方不知道你到底是想表達追加的資訊，還是說出目的？只能繼續往下讀，再從前後關係中去推斷。

總而言之，邏輯表現力的基本要求，就是盡量不要造成接收者的負擔。

■不用腦袋的文章，你看得出來

減輕接收者的負擔，意味著加重傳遞者的負擔。為什麼這麼說呢？因為想做出適當的邏輯接續，必須對傳遞的內容有著深刻的理解才行。如果傳遞者對內容一知半解，就很難掌握訊息的前後關係。也就是說，在適當的加入邏輯接續的作業中，寫作者非得填入內容不可。而這項作業，迫使傳遞者必須動腦思考。

其實，做好邏輯接續本來就是傳遞者的責任。溝通的最終目的，就在於使對方理解我們的意圖。如果什麼都依賴接收者自發性的解讀，造成對方的負擔，絕非良策。要記住，將訊息明瞭的接續起來，是傳遞者的責任。

「用邏輯接續？這會不會讓文章變得生硬啊？」這是我在推廣邏輯接續時，經常被人問到的問題。答案是「絕對不會！」因為文章不會變得生硬，而是會變得更清楚。

我猜會問這種問題的人，應該是習慣於使用曖昧接續了（因為這不須思考就能完成文章）。對學會邏輯接續的人來說，一看到曖昧接續的文章，反而會覺得：「這到底在寫什麼啊？到處都是下氣不接上氣的句子，主題不明，這根本是火星文嘛！」

還有人曾經問過我：「可是在我的印象中，日常會話用邏輯接續，好像太生硬了⋯⋯。」答案還是一樣：「沒有這回事！」因為不是變生硬，而是變得更明瞭。

沒錯，如果說話的口氣像在軍中一樣，大聲的強調接續的連接詞：「因為！」、「因此！」、「還有！」，確實會讓聽者感到生硬。可是，這種印象是由說話者的口氣所傳達出來的，並非邏輯接續原有的屬性。當你刻意拉長、停頓、加重，結果就會像是選手宣誓一樣，尾音拉長，口氣聽起來相當不自然。

請各位理解，邏輯連接詞的活用和一個人說話語調的表現，是兩碼子事，是獨立的變數。要將邏輯接續的連接詞，柔軟的融入會話當中，讓前言後語連貫起來。

看報紙就可以練習邏輯思考

做邏輯接續，就等於在練習你邏輯思考的技巧。磨練這項技巧，最重要的是靠平時的累積，我建議大家利用報紙練習。

不知道該說幸或不幸，報紙是曖昧接續的大寶庫，可說是「不知所云句子組合」的嘉年華會。每天早上看報紙時，試著找出三個語句接續曖昧的地方，把它轉換成邏輯接續，就當成每天的功課如何？

以前，我在某報紙中，看到下面這一則簡短的報導：

> 美國總統明年一月開始進入第二任的任期，①國民年金以及稅制的根本改革是優先課題。②國民年金將導入確定提撥型的「個人結算」，③防止高齡化帶來的年金財政的缺口。④簡化繁雜的所得稅制，同時繼續保持減稅路線，⑤長期的經濟成長。⑥要努力減少過去最嚴重的「雙重赤字」，也就是財政赤字和貿易赤字。⑦在通往實現的道路上，困難重重。

呼！順利讀完了嗎？果然是「困難重重」。

①是曖昧的接續方式，因為後面的句子「國民年金以及稅制的根本改革是優先課題」讀完了，你不會馬上知道它表達的是前一個句子的目的、追加，還是解說關係？這個地方應該插入「解說」連接詞「關於執政」來接續，比較合適。

②是要詳細說明第一句中提到的年金問題，所以應該放進「延伸」連接詞「具體來

說」來接續比較適當。假設年金改革和稅制改革這兩大課題有先後順序，你可以改成加入「首先，」做連接詞。

③是典型的曖昧接續。從上下文來看，後面那段話並非單純的追加接續，導入「個人結算」為手段，而防止缺口是目的，所以應該在③加入「以防止」或是「這是為了防止」比較合適。

④開始話題轉到稅制，如果是追加資訊，可以用「接著」，如果有順序，也可用「其次」。

⑤應該不是追加說明，所以插入一個目的性的連接詞「為的是」來接續語氣（這裡不宜加入歸結連接詞「因此」，因為任期還沒開始，減稅能否收到效果還不知道）。

⑥突然冒出來「雙重赤字」。讀者看到這裡會質疑：「年金和稅制確實都很重要，但是雙重赤字的問題也很嚴重，這個問題打算怎麼解決呢？」而訊息傳遞者在此口氣一轉，回答原本大眾就很想質疑的雙重赤字的議題，可以使用「讓步」接續「當然」等。

⑦也是一種語意曖昧的接續方式。在這裡，前後句子的關係應該是和「讓步」連接詞配成一對的，也就是要用「逆接」的連接詞，所以我們應該放進較為強烈的轉折語氣「不過」。

一開始各位或許會覺得很麻煩，不過習慣之後會覺得像在玩解謎遊戲，樂在其中。

現在來看看順過語氣之後的文章：

> 美國總統明年一月開始進入第二任的任期，**關於執政**，國民年金以及稅制的根本改革是優先課題。**首先**，國民年金將導入確定提撥型的「個人結算」，**以**防止高齡化帶來的年金財政的缺口。**其次**，簡化繁雜的所得稅制，同時繼續保持減稅路線，**為的是**長期的經濟成長。**當然**，**要**努力減少過去最嚴重的「雙重赤字」，也就是財政赤字和貿易赤字。**不過**，在通往實現的道路上，可說是困難重重。

現在再來讀看看，新的政府施政看來沒那麼「困難重重」了吧！

如果想挑戰更高難度的練習，可以聽新聞。聽主播報新聞，然後在出現曖昧語意的接續時，自己在心裡轉換成邏輯口氣的接續，試著插入「追加」、「歸結」、「手段」等類型的連接詞，把邏輯接續做好。看報紙也是很好的練習，請嘗試看看。

■檢查完個別句子的接續流暢性之後，最好再重新檢視全文的脈絡

相信現在你已經理解到，加進邏輯連接詞來接續句子，可以使每則訊息之間的關係

更加清楚。但是，就算個別訊息的接續都已明瞭，並不保證句子的文脈會自動變得簡單易懂。例如，即使個別訊息本身都已經加進有邏輯的接續，若是文中連續出現「所以，結果，因此」等三、四個「歸結」連結詞，文章也會變得難以理解。還有，文章中如果連續出現逆接，也讓人很難讀下去。

這就像指點問路者一樣，即使你說得很清楚，但如果一下左、一下右，轉來轉去，反而容易使他迷路。這時候，多走直線更容易到達目的地，就算距離變長也沒關係。所以，除了檢查個別的接續是否明瞭之外，記得最好重新檢視全文的脈絡。逗號、句號就不用說了，**有時甚至要把整個結構重新修改才行**。

用字具體，表現負責的態度

■商業書寫，別把解釋權丟給閱讀者

阻礙明瞭表現的因素，除了主詞缺漏、曖昧接續之外，最大的因素莫過於過多的抽象表現，像是「重新評估」、「推動」、「調整」等用語。

抽象表現的問題在於，這麼做就是將具體的解釋丟給接收者處理。如果接收者的解

釋與傳遞者的解釋一致就沒問題，可是你不能保證每次都會一致。特別是當你希望對方能採取某種具體行動時，千萬要注意，抽象表現完全無法和任何動作產生連結。明瞭表現的第三個要素，就是具體表現（不要抽象）。

■「活性化、多樣化」既油條又閃躲

商業文書中頻繁出現和動作相關的抽象表現，包括：

「……的活性化」、「……的多樣化」、「重新評估……」、「強化……」、「確立……」、「重新建構……」、「推動……」、「擴充……」、「調整……」、「合理化……」、「穩固……的基礎」、「重新組合……」

諸如此類，這些都是有點不負責任的抽象表現。大概很多讀者會這麼想：「這些都不能用的話，那從明天起我什麼都寫不出來了！」我的意思並非絕對不能使用抽象表現，我想說的是：**抽象表現無法給人一種進入具體行動層次的概念**。如果你只是想表示一個方向性，那麼用抽象表現沒有太大的問題。

例如，經營者常常對公司內部下這樣的指示：「本公司應該強化人才培育體制」。

就方向性來說，你很難反對它的內容，但是它具體嗎？這種指示其實很空泛。一般來說，人才培育是再好不過的事了。可是，「人才培育體制」具體來說到底指的是什麼？還有所謂的「強化」，到底要採用什麼樣的方法？接收者光聽到這些訊息，有可能清楚知道自己該如何行動嗎？你們覺得如何？我覺得很難。

■「趕快調整庫存」這句話傳達了什麼？

例如，當你被要求「趕快調整庫存」，你真的知道該怎麼調整庫存嗎？調整庫存，不外乎就是增加庫存或是減少庫存吧。但是，要朝哪個方向調整，還有數量、時間等，這句話傳達出來的訊息完全不具體。

假設目前低於正常庫存，那就應該增產，才能增補庫存；抑或相反，希望庫存減少。確實，在關於經濟的書籍或報章雜誌中，特別是在形容宏觀經濟時會用到「正在進行庫存調整」，而這句話大都用以表示減少過剩庫存。可是，「庫存調整」這個表現本身卻是中立的，也就是不具體。

同樣的，「生產調整」也是如此，一般多用於減少生產的意思。但是，它本身詞性中立可以解釋成增產，也可以是減產。「供需落差」也是如此，這個詞彙一般用來形容供給過剩，可是它本身是中立的。以上所舉的每一個例子都是抽象表現，所以可以容納很多解釋，一般用來表示某種方向性。

因此，有人會以：「一般的」表現方式為默契的前提，說出「因為現在供需落差正在擴大中，所以得趕緊調整生產，不然沒辦法進行庫存調整！」其實，他真正想要傳達的是：「現在的供給大幅高於需求，所以商品堆積如山，我要你快點減產，不然沒辦法減少庫存！」

可是，由於他使用抽象訊息，因此還留下另一種可能的解釋：「現在需求大幅高於供給，也就是說現在商品短缺，我要你快點增產，不然庫存會低於正常值！」

由此可知，當事者原本想傳達明瞭訊息，但這時候卻出現兩種解釋，相當麻煩。

■「○○性」、「××力」，濫用讓人沒性又沒力

「這輛車具有優異的安全性」、「那項商品擁有超群的功能性」、「她的本性很好」，每一句都是常見的抽象表現。沒錯，以方向性來說，這些訊息每一句都很明確。可是，這些訊息包含的表現：「安全性」、「功能性」、「本性」，都不具體。只要一出現「……性」，就是高抽象性的表現，把它當成範圍廣泛的主題，大致都不會錯。大多數的接收者會有這樣的疑問：「這句○○性，具體來說有哪些意義？」不要等到被問到了才回答，因為這正是重要的地方，最好一開始就具體說明。

例如，車子的「安全性」指的到底是什麼？對誰來說安全，駕駛者還是其他乘客？是後座還是前座安全？是對乘坐的人安全，還是對被撞的人安全？此外，安全的定義可能也是一個問題，它是指以時速〇〇公里，正面撞擊牆壁時的耐衝擊程度；還是指在某個特定速度下，踩煞車直到車子停下所需的時間？或者，有搭載安全氣囊或後視攝影機這些裝備，所以安全？最好在對方提問之前，先具體的說明重要之處。

另外，也要注意「〇〇力」這樣的表現。「強化營業力很重要」、「一定要有向心力、凝聚力」、「現場力很重要」（譯注：「現場力」是指在工作現場，自主解決問題的能力）這樣的主張，每一個都相當正確。但是，即便你連續呼喊這些口號再多次，接收者也不太可能會因此連結到適當的行動，因為**你沒有具體的向對方傳達該如何行動**。

■具體表現可以驚心、可以動情

但是，這並不意謂抽象表現不重要。當我們提及事物的本質時，使用抽象表現確實非常重要。以人比喻的話，抽象表現就如同人的骨骼一般，光用抽象表現是沒有血肉的表現方式。抽象表現可以立刻顯露出事物的本質和方向性，是理性的表達方式，但是光用抽象表現，卻難以動搖對方的情緒和感情。

邏輯思考的根本，就是抽象表現，說服別人時不可或缺。可是，如果從「賦予動機」的觀點來看，具體表現比較有效。其原因在於，**具體表現可以增加對方的想像空間**，藉此喚起他腦中龐大的資訊。也就是說，具體表現反而可以強烈的喚起對方的情緒和感情。

例如，「一名學生在團隊運動時受傷了」這一句，集合了高度抽象的表現。所以，對方即使頭腦理解了，卻無法浮現真實感。「D君在學校上體育課，做疊羅漢時骨折了」這樣表達，是不是具體得多了？但是，還沒到觸動情感的層次。

「炎炎盛夏，在第二中學又乾硬、碎石子又多的操場上，二年一班的每個學生身上沾滿塵埃，滿頭大汗的練習疊羅漢。正當他們把人疊到第五層時，在最下面一層支撐的D君，右肩忽然發出喀拉一聲悶響，骨折了。疊在D君上層的學生隨著慘叫聲，一一跌落下來。被救出的D君，肩膀被斷裂的鎖骨刺穿皮膚，骨頭悽慘的露在外面。」如果敘述具體到這種程度，我們應該多少可以感受到D君的疼痛。

在書寫商業文書時，訴諸情感到什麼程度才合適，尚有討論的空間。不過，我希望各位了解，具體表現確實能達到觸動情感的效果。

■委婉語法無法提醒很瞎的人

委婉語法可以說是抽象表現的親戚，要多加小心使用。所謂的「委婉語法」，是指間接的傳達訊息給對方。一般來說，委婉語法的作用在於避免具體使用否定的表現。然而，由於委婉語法是間接的，因此可能會招致意想不到的誤解，必須多加注意。

我舉一個例子。我曾經因為工作的關係，前往客戶公司的研習設施，要在新宿換乘電車。過去，在新宿車站轉搭前往研習設施的電車時，必須從廁所前面通過。那附近不斷播放一段錄音：「現在正在清掃中，請多多協助！」我當下忍不住脫口而出：「那是要我現在來幫你掃廁所嗎？」

我在企業研習的場合說出這段故事時，招來一陣嘲笑：「只有你才會做出這麼蠢的解釋。」那麼，請問各位讀者，我到底應該怎麼解讀這句話，它是希望大家採取什麼具體行動嗎？它是希望大家：「現在請不要使用廁所？」、「請忍耐？」、「請用別間廁所？」、「可以使用，但不要妨礙我打掃？」、「可以使用，但注意腳滑？」，有各種解釋的可能。所以，「我來幫你掃」應該也是其中之一，這不奇怪吧。

某位研習學員立刻舉手發言：「老師，我覺得你說的那些都不對。它真正要你做的是：『幫我顧一下，不要讓其他人進入廁所』，絕對是這樣沒錯。」我真是敗給他了！

委婉語法容易招來誤會（和趣味）

與不同文化圈的人交談時，用委婉語法很容易造成誤會。原因在於，異文化之間共同擁有的默契特別少。假使你希望對手採取某種行動，你最好具體說明，具體到自己都覺得囉嗦也無所謂。當然，即使是同文化，仍然有不同的次文化圈。

例如，京都一帶算是特有的文化圈吧。假設各位到京都拜訪友人，結果不小心待太久了，到了接近傍晚時，剛好肚子也餓了，這時候友人提出了一個邀約：「要不要來碗茶泡飯啊……？」大家會怎麼回答？應該有人會說：「哎呀，你問的正是時候，那就麻煩來個兩碗……。」

其實，這是當地特有的委婉用法，表示「時候不早了，請你回去吧」。不過，我的意思並非只要表現得具體，就一定會造成失禮。你可以用尊重對方的態度，然後鄭重的表達。切記：無緣無故挑釁對方的感情，並非邏輯表現力鼓勵的行為。

分段：表達複數訊息的竅門

■段落可以隨性些，分段不可隨性

分段是邏輯表現力中相當重要的概念之一。目前為止，我們學習了如何增加個別訊息的明瞭程度，還有如何讓複數訊息集合體變得明瞭，接下來我們要學另一個重要概念

——段落。什麼是段落？解釋如下：

◎長篇文章中，整理過的部分，內含一個主題的一段文字。（《大辭林》）

◎把長篇文章從內容區分出幾個小段。也指在形式上空一格後開始書寫的段落。（《大辭泉》）

◎所謂的段落是指文章中的一個區塊，通常由複數句子構成。段落開頭必須空一個字，所以稱為段落。（維基百科）

除了以會話為主的小說以外，很多書通常也都是每一、兩句就換行，或是空一個字（編按：中文的習慣是空兩個字）。好像看不到上述「整理過的部分，內含一個主題」所形容的段落，反倒有點「我還要繼續說，但先從這裡開始換行吧」這樣的感覺。實際上，我們看到的**段落並沒有反映出「文章中的一個區塊」這樣的概念**。

當然，版面設計上換行空格，是為了減輕讀者視覺上的負擔，其實本書中到處看得到這種設想。

■分段——更加嚴格定義的「段落」

所以，「分段」的概念必須更嚴格的加以實踐。它的概念應該是：**在一個主題下，由整理過後的複數訊息所形成的一個區塊（可由幾個段落形成一個分段）**。就邏輯表現力而言，就是反映「單一訊息」的金字塔結構：主張、訊息、事例。我們先分析錯誤示範的例子。這個例子，是某家網路業者為了請款單處理的失誤，向幾百萬會員表示道歉的文書，以下從中節錄一小段：

> 發生的原因是中心處理帳單資料失誤。以往部分資料庫的使用費均延遲一個月請款，但是從今年四月起，我們改成在當月請款。因此，四月的請款單包含三月和四月的使用費。而五月的請款單，原來應該只有五月的使用費，可是卻又算進四月的使用費。

多數的會員看到開頭的「發生的原因是中心處理帳單資料失誤」，大概會想到接下來的內容是解釋請款單為何會發生問題。也就是說，接收者期待的是：得到「失誤原因」的具體說明，像是「所謂中心指的是哪裡？」、「資料處理的失誤是什麼？」。可是，接下來卻出現「以往部分資料庫的使用費均延遲一個月請款，但是從今年四月起，我們改成在當月請款」。

這則訊息與「說明原因」相去甚遠，只不過在敘述造成失誤的背景而已。會員中對會計或財務內行的人大概都知道，業者更改請款單的計算時間，為的是有利於自己在資金上的調度。「什麼嘛，原來搞成這樣，是為了讓自己在資金的調度上更加寬裕！」想必了解內情的人，心情一定很不好。無論如何，以上的敘述並沒有說明原因。

正當大家更加關心「原因是什麼？」時，沒想到後面卻出現難以理解的敘述：「四月的請款單包含三月和四月的使用費。而五月的請款單，原來應該只有五月的使用費，可是卻又算進四月的使用費。」這些繞來繞去的說明，說穿了就是他們重複計算了一次四月的使用費。可是，這也不是失誤的原因。這一段在說明發生了什麼樣的失誤，也就是失誤的內容。

如此看來，這一個「分段」傳遞的訊息是：業者一邊暗示大家，他們要說明原因，卻又不真正提及，只在失誤發生的背景和內容上打轉而已。從傳達單一訊息的標準來看，這個分段還有大幅改善的餘地。唯一值得稱讚的是它的分量，也就是字數，大約只有一百二十個字左右，剛好可以自成一個較短的分段。

■分段就是以完整區塊傳達單一訊息

接下來我要舉一個可以反映分段概念的例子。雖然稱不上完美，不過當作範例綽綽有餘。

接受變化需要時間

例如，剛搬完家的人，頭幾天下班回到家後，一定會忽然意識到：「對喔，我已經搬家了。」據說大約需要三週才會習慣。即使人在意識的層面已經認識、了解狀況的變化，但完全滲透到潛意識還需要一點時間。泡沫經濟破滅的結果，就是造成房地產價格的下滑。即使房地產的所有者理解這個事實，也很少有人能立刻接受。接受狀況的變化需要一段時間。而交涉也是一樣，對方接受新的點子或者交涉環境的變化，都需要時間。換句話說，必須經過一段適應期。

在分段一開始，就有一個標題「接受變化需要時間」傳達出訊息。這叫做「引導訊息」，或者「標題訊息」。總而言之，它的作用就是提前傳達分段的訊息。有時候，引導訊息會直接穿插在本文當中。

例如，剛搬完家的人，頭幾天下班回到家後，一定會忽然意識到：「對喔，我已經搬家了。」據說大約需要三週才會習慣。即使人在意識的層面已經認識、了解狀況的變化，但完全滲透到潛意識還需要一點時間。

以上這一小段是證實單一訊息的事例。提出事例的同時，你可以更詳細的表達單一訊息。

泡沫經濟破滅的結果，就是造成房地產價格的下滑。即使房地產的所有者理解這個事實，也很少有人能立刻接受。接受狀況的變化需要一段時間。

同樣的，這一小段也是證實單一訊息的事例。在提出事例後，它更能詳細表達單一訊息。承襲剛才的事例加上訊息的形式，跟前面剛好形成一個對句。

> 而交涉也是一樣，對方接受新的點子或者交涉環境的變化，都需要時間。換句話說，必須經過一段適應期。

整篇文字當中，作者最希望傳達的訊息並非搬家，也不是房地產，而是關於交涉的話題。從前面兩個不同領域所做的類推，都是為了最後確認關於「交涉」這個單一訊息。換句話說，整個段落的敘述，都是為了證實「接受變化需要時間」這項引導訊息。並且在分段的最後，用了幾乎和引導訊息一模一樣的訊息，只不過再做確認罷了。這就是分段的基本形式。

相較於「段落」的曖昧觀念，「分段」是**傳達單一訊息的完整區塊**。分段中各句除了訊息都要很明瞭之外，最重要的是，整個區塊——即「分段」本身，也必須清楚明瞭才行。

你可以自己演練

問題一：替換邏輯接續

將句子底線的「曖昧接續」之處，加上邏輯連接詞。

①律師指出，專利說明的部分並未表示出「原有技術」——，違反兩家公司的主張。

②本制度在歐洲已經行之有年——，美國決定以州的層級導入這項制度。

③工廠原本預定明年度完成排水管線建設——，近鄰末端水管的農家出現反對聲浪——，交涉沒有進展——，完成的排水管線不到全部的兩成。

問題二：曖昧連接詞的修正

將下面原文中出現的曖昧連接詞，修改成為讀者易懂、又能尊重原文脈絡的格式。句號和逗號等，可以視情況一同填入。

原文（修改前）

為了促進對方理解，最重要的是我們的主張一定要明瞭（a），因此，實踐三原則很重要（b），我們表達主張的句子中要有明確的主詞和述詞（c），每當遇到句與句的連接處，必須（d）使用邏輯連接詞，讓訊息明確產生關聯性（e），在避開抽象概念的（f），將訊息具體表現出來也很重要（g），明瞭表現與其說是日文或英文的問題，倒不如說為超越語言使用的課題（h），問題出在使用語言的人身上。

解答與說明

問題一：替換邏輯接續

①

例**1**：律師指出，專利說明的部分並未表示出「原有技術」，因此違反兩家公司的主張。（順接論證歸結）

↓因果關係。前者為因，後者為果。

例**2**：律師指出，專利說明的部分並未表示出「原有技術」，換句話說，違反了

兩家公司的主張。（順接附加解說）

↓兩者主張的內容雖未獲得解答，但在意思上比原文明瞭多了。

例3：律師指出，專利說明的部分並未表示出「原有技術」，而且還違反了兩家公司的主張。（順接附加追加）

↓前後關係薄弱，提示獨立的追加資訊。

②

例1：本制度在歐洲已經行之有年，因此美國決定以州的層級導入這項制度。（順接論證歸結）

↓因果關係。前者為因，後者為果。

例2：本制度在歐洲已經行之有年，不僅如此，美國決定以州的層級導入這項制度。（順接附加追加）

↓前後關係薄弱，提示追加資訊。

例3：儘管本制度在歐洲已經行之有年，但是美國決定以州的層級導入這項制度。（逆接反轉）

↓覆蓋前半部分的用法。表示雖然遲了些，但總算開始做的意思。

③

例**1**：工廠原本預定明年度完成排水管線建設，但是近鄰末端水管的農家出現反對聲浪，因此交涉沒有進展。結果，完成的排水管線不到全部的兩成。（逆接反轉、順接論證歸結、順接論證歸結）

↓反轉、歸結、歸結這樣的程序，一次用一句話來表示太過複雜，所以中間用句號分開。這樣做除了讓接續更加明瞭，達到演練課題的目的之外還有個好處，就是更清楚表示，只完成兩成便停滯的「排水管線」。

例**2**：工廠原本預定明年度完成排水管線建設，因此近鄰末端水管的農家出現反對聲浪，由於交涉沒有進展，所以完成的排水管線不到全體的兩成。（順接論證歸結、順接論證歸結、順接論證歸結）

↓不建議連續三次都用歸結，請當作套用原文流程的一個範例。

問題二：曖昧連接詞的修正

為了促進對方理解，最重要的是我們的主張一定要明瞭（a）。因此，實踐三原則很重要（b）。首先，我們表達主張的句子中要有明確的主語和述語（c）此外，每當遇到句與句的連接處，必須（d）藉由使用邏輯連接詞，讓訊息明確產生關聯性

（e）。再者，在避開抽象概念的（f）同時，將訊息具體表現出來也很重要（g）。其實，明瞭表現與其說是日文或英文的問題，倒不如說為超越語言使用的課題（h）。換句話說，問題出在使用語言的人身上。

第 3 章

你的思想，如何以精采文書表現？

表現思考的技巧，你能運用自如嗎？

- 金字塔結構：邏輯思考的核心技巧
- 訊息的設計：我要表現什麼？用哪種表現技巧？
- 用什麼訊息做什麼推論，就像辨案技巧
- 摘要法：把「複數」訊息整理出「一個」抽象訊息
- 抽象化，化繁為簡的技巧
- 由上而下法
- 主題金字塔，解析的利器
- MECE的技巧，意義在於「思慮周延」
- 你可以自己演練

在這一章裡，我們將以前面學到的訊息種類與表達方法作為基礎，學習如何設計訊息。除了明確表達個別的訊息之外，我們還要能夠設計整份文書。因此，像是金字塔結構、結論法、推論、摘要法、抽象化、設定主題等許多思考表達的技巧，都將會一一學到。

金字塔結構：邏輯思考的核心技巧

■ 散文可以堆砌詞藻，商業文書得結構完整

提案書也好、委託書也好，很多人在書寫商業文書之前，經常不經大腦思考，總認為反正先把要表達的想法，一條一條寫出來再說。如果你也這麼想的話，那可就大錯特錯。原因在於，太急著將自己的思考轉化成文字，會導致文章一點一點的偏離方向，最後變得主張曖昧、脈絡不明。重新修改一份粗糙的文書，反而需要花費更多的力氣。

「急就章」是最沒有效率的做法。所以，一開始就應該先畫好設計圖，接著才製作文書，比較有效率。沒有人蓋房子是想到哪、就蓋到哪，而不事先畫好設計圖的。製作文書也是一樣，最重要的就是設計圖。而最有效的文書設計圖，就是金字塔結構（金字

塔原理）。

■金字塔結構——一件事情要想到三層

金字塔結構，就是依照層級來配置主題或訊息的圖表。我稍後再說明「主題金字塔」，我們先來了解什麼是「訊息金字塔」。

在訊息金字塔的構圖中，把最想傳達的訊息放在最上層，這則訊息稱為「主要訊息」。例如，你正在製作的文書為提案書，那麼最終的提案訊息，就是你要放在最上層的主要訊息。

主要訊息之下，緊接著的是「關鍵訊息」。假設文書是以章構成，那麼每一章的訊息就是關鍵訊息。如果是提案書，提案中的背景、優點、風險、實施的體制等，就是關鍵訊息。

從關鍵訊息再往下一層，則是「次要訊息」。如果說關鍵訊息等同於章，那麼，次要訊息就是構成章的分段訊息（幾個段落形成一個分段，每個分段都有標題）。

在邏輯表現力中，你必須**在基本邏輯的主張之下，有根有據、條理分明的鋪陳出確實的敘述**。金字塔結構就是這個基本形式的擴大版，你的主張就是主要訊息、你的根據就是關鍵訊息，條理分明。

通常在金字塔結構中，只推想到第三層的次要訊息。只要不是太長的文書，這三層已經非常夠用。當然，如果要針對次要訊息進行說明，那麼可能會出現「次次要訊息」。「次」越多，範圍就越廣。理論上，金字塔結構可以一路擴展下去，但如果只是要設計簡短的溝通，那麼只需要「主要訊息」和「關鍵訊息」這兩層便已足夠。

■ 金字塔分兩種：並列型和直列型

金字塔在結構上可分為「並列型」（圖表3-1）和「直列型」（圖表3-2）。並列型的結構，就是下位訊息各自獨立，並且支撐上位訊息。在這個結構中，任何一個下位訊息都和上位訊息有著直接關係，同時上下位訊息的縱向關係較強，而下位訊息之間的橫向關係較弱。

直列型的特徵在於，下位訊息之間的橫向關係較強。在這種結構中，下位訊息之間有強烈的序列關係，但是只有最後面（通常為最右側）的下位訊息支撐著上位訊息。適合使用並列型或是直列型的結構，是根據引導出訊息的方法而定，大致有個規範。

圖表3-1 並列型金字塔

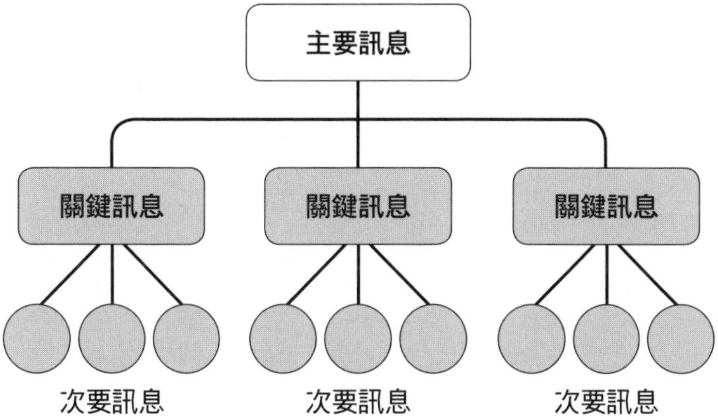

圖表3-2 直列型金字塔

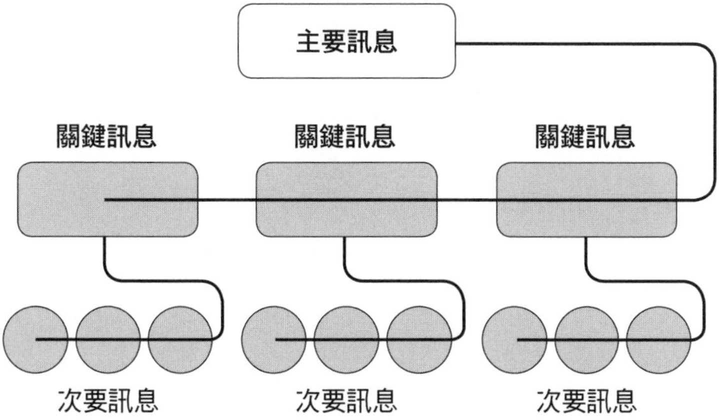

用金字塔結構來表達的好處

設計商業溝通的內容時，使用金字塔結構的好處非常多。

第一個好處是，整體的邏輯構成可以有視覺上的俯瞰效果。必要的時候，也可以立即確認細節。換句話說，你可以同時見樹又見林。

第二個好處是，可以列出每個層級的訊息，並且比較彼此之間是否具有統合性。不管是關鍵訊息也好，次要訊息也好，只要屬於同一層級，都可以立即檢查裡面的資訊量、訊息種類、抽象度、表現風格等是否統一。由於在使用上十分便利，所以，建構金字塔結構已成為每個商務人士（尤其是經營顧問）應該具備的技能。

專業的溝通，先確認雙方主題同一層次

金字塔結構中的層級名稱，諸如「主要」、「關鍵」、「次要」，其實是相對的概念。例如，某提案書的結論訊息為「本公司應該併購Z公司」，而其中有一章訊息敘述併購的理由：「因為Z公司擁有對本公司未來發展不可或缺的技術」。如果把這個結論放在主要訊息的話，那麼章訊息在金字塔結構上屬於「根據」，則應該放在關鍵訊息的位置。

假設在別的金字塔結構中，最上一層的訊息放上了「因為Z公司擁有對本公司未來

發展不可或缺的技術」，那麼這則訊息在這個金字塔結構中，就變成主要訊息了。

因此，在團隊作業中**為了避免誤會，一定要互相確認彼此講的事情是在同一層次上**。例如，當有人說「主要訊息」，他是指整份文書的金字塔結構頂點，也就是最終的主要訊息呢？還是從整體金字塔結構中選出特定部分，當作另一金字塔結構中的頂點（它在整體的位置來講，屬於次一級的關鍵訊息）？

訊息的設計：我要表現什麼？用哪種表現技巧？

■製作訊息的模式：由下而上、由上而下

了解金字塔結構的基本原理之後，接下來我們要學習如何實際設計訊息。金字塔結構中的訊息設計有兩種基本模式：由下而上法（bottom up），以及由上而下法（top-down）。

首先，我先解釋由下而上法。就如其名，由下而上法的設定為一般三段式金字塔結構，由金字塔底部的次要層級開始，依序往上為關鍵層級，一直到最後的主要層級。由下而上法，就是要將**位於下位的訊息群往上精煉**，成為上位的訊息（見下頁圖表3-3）。

圖表3-3 由下而上法

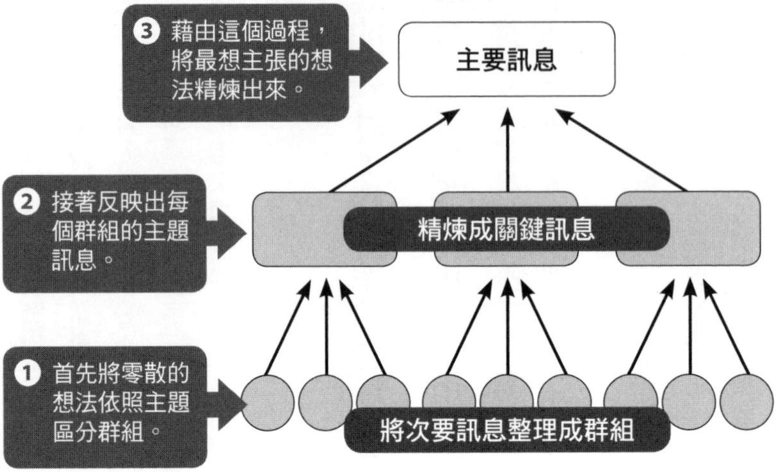
❸ 藉由這個過程，將最想主張的想法精煉出來。
主要訊息
❷ 接著反映出每個群組的主題訊息。
精煉成關鍵訊息
❶ 首先將零散的想法依照主題區分群組。
將次要訊息整理成群組

由下而上法：將訊息分群組

由下而上法，首先要根據一個足以涵蓋整體的主題（例如：有效減肥），盡可能想出許多次要訊息，並將其條列出來（飲食、運動、醫療）。然後，要蒐集（或歸納）訊息作為素材。由於都是資料，因此就種類來說，多半為記述訊息。

接著將蒐集到的次要訊息，依照關鍵主題的類別（飲食、運動、醫療）分到各個群組。接著，再精煉出各類關鍵主題的訊息（整理三類次要訊息，得到三個關鍵資訊：晚上少吃、提早兩站下車走路回家、別吃醫師開的減肥藥）。而這些已經依照關鍵主題分門別類的訊息，自然成為關鍵訊息。最後，再整理關鍵訊息群，引導出一個主要訊息（一個月瘦五公斤的有效減肥）。

光聽到「由下而上法」這個名稱，可能不會發現它的流程就是：蒐集個別訊息之後，再依主題分配給各群組。其實，我們平時就常使用這種思考方法，將事物依照概念分門別類，這可說是人類理性思考的原點。你現在已經知道箇中意義，往後便能用更簡潔、更有效率的方法來處理事情。

■先給主題命名，再將訊息分組

區分訊息並劃分群組的前提，是你必須先想出適切的群組主題。舉例來說，像關於椅子、桌子、衣櫃的訊息，都可以歸類在「家具」這個主題之下。但是，如果從功能的觀點來看，這些物品應該很難分在同一組。

相對的，寶特瓶、碗、油桶，都可以用「容器」這個功能作為主題，分成同一組。但是，如果主題改成「素材」，就很難分成同一組。總而言之，一定要先設定主題之後才開始區分訊息，就處理順序而言，應該先分辨主題類別（這個主題是可以概括所有訊息的），再劃分群組。

我們已經在第一章中學到主題的概念（詳見第四十八頁）。現在，我們先假設有好幾個訊息已經根據主題類別而分配到各群組，然後我們要從各群組訊息精煉出上位訊

圖表3-4 引導出訊息的方法

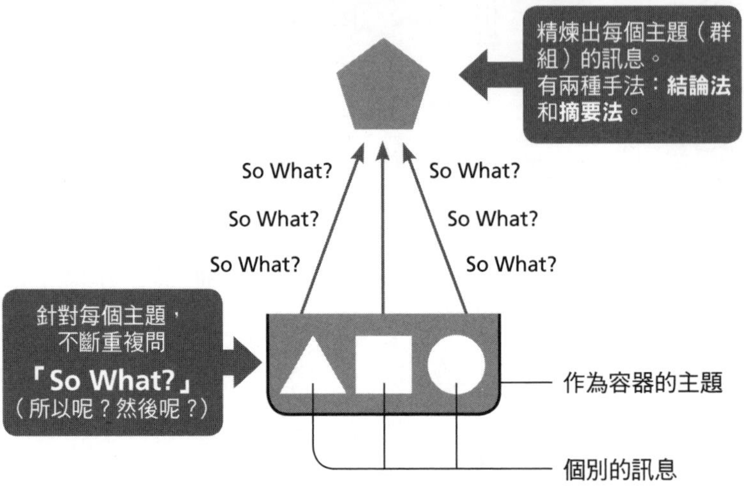

息，接下來要學的就是這項技巧。

■由下而上，導出訊息——結論和摘要

我們開始學習，如何從下位訊息群引導出上位訊息（圖表3-4）。

不管是從次要訊息精煉出關鍵訊息，或是從關鍵訊息萃取出主要訊息，由下而上法的訊息設計，與訊息所處的層級無關，都是要從下位的訊息群引導出上位訊息的手續。這時可以採取的手法有兩種：**結論法**和**摘要法**。雖然，兩者之間有一些灰色地帶無法歸類，不過在大多數的情況下，都能用這兩種方法來清楚區分。

「結論法」和「摘要法」，都是我

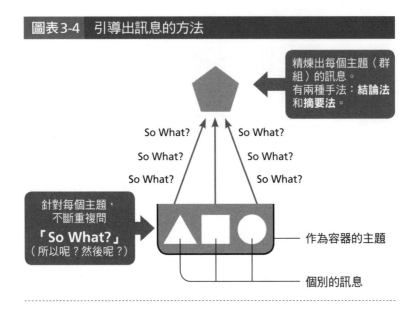

們平常在無意識下進行的思考活動。如果可以理解這些活動運作的本質，就能萃取出更適當、更具說服力的訊息。

■下結論：將訊息劃分群組之後，「因此……」

「結論」是你最終希望被傳遞出去的訊息。而下結論就是根據處理過的下位訊息群，推論出歸結訊息。就邏輯表現力而言，**由推論引導出結論的步驟，稱之為「結論法」**。而結論法的意思，約等同於「論證」。

所謂的「結論法」，就是解釋下位訊息群中尚未被凸顯出來的上位訊息，並將其萃取出來的作業過程。重點在於，根據以下訊息群進一步解釋。也就是說，若推論的準確率不高，便無法稱作結論，只不過是跳躍式的訊息罷了。結論是一種歸結訊息，所使用的連接詞為「因此」。意思是，下結論時一定要不厭其煩，針對經過群組處理的下位訊息，反覆確認：「因此呢？因此呢？因此呢？」例如，在「明天的天氣預測」這個主題之下：

「西邊的天空布滿烏雲。」

「昨天晚上的月亮有一圈月暈。」

「早上池邊的青蛙不停的喧嘩。」

「近來將進入梅雨季。」

「根據天氣預報，午後會下雨。」

如果將這五則訊息群組化，設問：「因此呢？（所以呢？）」，應該會有很多人推論出一種結論：「今天會下雨。」

像這樣，**沒有跳躍感，進一步做出高準確率的推論，就是適當的結論**。不管從哪一則下位訊息來看，都能當作支持這個結論的根據。假設同樣從這些訊息中，做出以下的推論：

「應該有很多航班會取消飛行吧！」

「應該會有很多颱風。」

這樣的結論就讓人覺得有跳躍感，說服力不高。雖說這些情況都有可能發生，但從現有的資訊來看，這些訊息並非經由可靠的根據，來準確的推論。

根據可見範圍內的訊息下結論，別太扯

再來，我們看下一則主題「市場的未來」，劃分為群組的訊息有五則：

①「由於管制放寬，企業間微妙的共存狀態逐漸瓦解。」
②「許多外資企業也強烈關切加入市場一事。」
③「退出的成本太高，很難轉換從事其他業種。」
④「今後，管制應該會繼續放寬。」
⑤「無法期待未來的市場會有急遽成長。」

試問「因此呢？」，多數的讀者應該會這樣下結論：「未來市場的競爭將更加激烈。」這是怎麼推論出來的呢？我們試著分析每則訊息。

從①的「由於管制放寬，企業間微妙的共存狀態逐漸瓦解」中，可以推論出：「以前那些被管制的公司，現在也可以加入市場。因此，參加的企業數會增加，打破特許經營所造成的共存現象。」

從②的「許多外資企業也強烈關切加入市場一事」中，可以推論出「有興趣的外資企業進入市場的機率頗高，因此企業數會增加」。

從③的「退出的成本太高，很難轉換從事其他業種」中，可以推論出：「既然無法輕易退出，因此只要公司沒倒，企業數並不會減少。」所以，至少從前三則訊息，我們已經能夠推論出：「該市場的企業數可能會增加。」但是，即便企業數增加了，也無法光靠這些訊息就斷言「競爭將更加激烈」，因為這樣做會讓人有跳躍感。所以，還要有更深一層的推論才行。

例如，③的「退出的成本太高，很難轉換從事其他業種」，如果真的很難退出市場，我們可以推論每家企業都會打算「擬定策略咬緊牙關，直到撐不下去為止」。如此一來，市場競爭就更加激烈了。

還有，從①的「由於管制放寬，企業間微妙的共存狀態逐漸瓦解」，可以推論出：「因為管制越來越少，所以企業可採取的策略也會增加。」特別是④提到「今後，管制應該會繼續放寬」，可以知道情況更是如此。這些都可以推論出市場競爭將會更加激烈。再加上，我們可以從②的「許多外資企業也強烈關切加入市場一事」知道，「外資企業可能會將在海外所累積的各項策略經驗，積極運用在日本市場」。

以上的推論，全部都在支持一個訊息，那就是「未來市場的競爭將更加激烈」。

■搞清楚，老闆是要你提出假設，還是結論？

無論企業數再怎麼增加，假使買方所形成的市場也跟著急遽擴大的話，那麼賣方的競爭不一定會變得激烈。然而，⑤「無法期待未來的市場會有急遽成長」的訊息，降低了這個可能性。因此綜合來看，用結論法可以推知「未來市場的競爭將更加激烈」的推論，而這並沒有太大的跳躍感，應該所有的接收者都能夠接受。

但是，如果將①至⑤的訊息作為根據，然後推論出「未來在日本市場，企業併購將更加活躍」，或是「未來在日本市場，與外資合作的機會將會增加」等，那麼就是**過度推論，會讓訊息接收者覺得結論太過跳躍**。雖然這些推論未來在日本市場都「有可能發生」，不過是否可以從群組①至⑤的訊息當中，準確的推論出來呢？答案是「不」。因此，如果想要讓這些主張更具說服力，還需要更多的追加資訊才行。

■含糊帶過的結論，小心行家會抓包

那麼，再看看以下的推論：

「未來日本市場會發生巨大的變化。」

「未來日本市場的經營環境會更加艱困。」

「未來企業經營者將更加難以掌握方向。」

如何？這些都是好的結論嗎？如果被問到「有錯嗎？」，我不能一概說錯。事實上，市場確實可能發生巨大的變化，經營環境也可能會更加艱困，至少並不樂觀。總的來說，企業經營者十分有可能更加難以掌握方向。

雖然沒有錯，但是這些推論或結論，都不是邏輯表現力要求的正確答案。原因在於，這些結論雖然方向性沒錯，不過內容卻含糊不清。當然，如果刻意含糊帶過，自然有另一種效果。不過，從已設定①至⑤的訊息群來推論，應該可以表現出一定程度的具體說明才對。

表現得含糊不清，很容易引發對方具體的疑問，像是「巨大的變化，具體來說是多大呢？」、「經營環境的惡化，是前述哪個原因所導致？」、「為什麼企業經營者將更加難以掌握方向？」。若是被問到這些問題，答案的共通點會指向「競爭更加激烈」。

即便推論的方向沒錯，但最好不要含糊帶過，除非你有其他的意圖（故意不講）。相反的，推論也不要太過具體（例如做出半數企業因此無利可圖的推論）。最好是從可見的訊息群中，推論出沒有跳躍感且相當具體的結論。

邏輯思考也歡迎做假設

從可見的訊息群，由下而上推論出上位訊息之後，再進一步解釋，並引導出沒有跳躍感的訊息。這種準確引導出推論的過程，就是透過邏輯表現力來下結論。

或許有人會問：「那麼，這種推出結論的步驟，與所謂的『假設性思考』有什麼關係？」這確實是個好問題。

從結論來說，透過邏輯表現力來下結論的方法，並不否定「假設性思考」，兩者之間也沒有矛盾，只是兩者的思考步驟以及其目的並不一樣。**所謂「假設性思考」，是指從片段的訊息中，特意進行跳躍性的推論，藉此迅速做出「假設結論」的思考法**。換句話說，假設性思考在邏輯上是鼓勵跳躍的**理性作業**。接下來，我們會更進一步檢視何謂假設性思考。

做假設還是下結論？你得能區別

例如，有以下的訊息：

①「製作A公司的產品的必要原料，價格高漲。」

②「A公司的工廠所使用的燃料，價格上升。」

③「同時期，A公司的員工獲得大幅調薪。」

如果將以上的訊息作為材料，試著開始假設性思考，也就是請你積極進行跳躍性的推論，結果會是如何？我想可能會出現很多有趣的假設。例如，「A公司一定是很賺錢的公司」是否富有想像？推出這個結論的思考過程，大致如下：

「既然原料和燃料的價格都上漲，那麼A公司的整體成本必定也會上升。在這種成本高漲的情況下，還可以提供員工大幅度的調薪，表示A公司一定獲取巨額的利益，不然絕對做不出這種事。」

誠如各位所見，這個結論太過跳躍，這則推論要成立的機率並不高，這就屬於假設性思考。如果有所認知，**一開始就知道自己做的是假設性思考**，不會有任何問題。但是，如果沒有意識到這一點，深信「我正在推理正確的結論」，那就大錯特錯。「A公司一定是個非常賺錢的企業」只不過是個假設，並非透過邏輯表現力所做出的結論，因為它太過跳躍了。同樣的，如果做出以下的假設，又是如何？

「A公司未來會大幅調漲產品價格。」

「未來A公司的利益會大幅減少。」

「未來A公司的股價會下跌。」

確實，每一則都相當有趣，也都可以當作暫時性的結論。但重點是，每一則都是一種「假設性」的結論。如果把這三個假設，當成依照①至③則訊息所推論出的最終結論，那還是太過跳躍，欠缺說服力。

■結論是分母、訊息是分子，你得接近「一」

最終結論最重要的就是不要有跳躍感——好像是突然蹦出來的。我們要從下位訊息群中，高準確的引導出結論。例如，從前述的三則訊息：

①「製作A公司的產品的必要原料，價格高漲。」
②「A公司的工廠所使用的燃料，價格上升。」
③「同時期，A公司的員工獲得大幅調薪。」

引導出邏輯表現力所要求的結論，會得出「A公司的產品製造成本，似乎會增加」的結果。

但是，①至③中的原料費、燃料費、員工的人事費，就涵蓋了所有的製造成本嗎？似乎不盡然。例如，假設高額折舊的年限到期，那麼整體的製造成本或許會下降。即使有例外的事項，只要不堅持加上「一定如此」，那麼「A公司的製造成本會上升」的推論仍然有說服力。

可是，如果推論變成「A公司的總成本會上升」，那麼就會有一點跳躍式思考，比較沒有說服力。原因在於，只憑①至③的訊息，不太可能涵蓋所有成本。如果以分數來表示，分子就是①至③的訊息，分母就是數值更大的全體，最後分數出來的結果就變得更小，意思就是不精準。

要提升說服力，就要將分母變小，也就是將成本限定在製造成本，如此分數的數值就會變大，換句話說，藉由提升對於已知訊息的涵蓋率，就可以增加說服力。當然也可以分母不動，但增加分子的數值。或者雙管齊下，分母減少、分子增加。

如前面所述，在比較「A公司的製造成本會上升」與「A公司的總成本會上升」的時候，如果前提設定為前面提示的三項根據，那麼從說服力的觀點來看，前者「A公司的製造成本會上升」應當獲勝。

如果要徹底省略推論，那你就必須羅列出所有製造成本的要因，然後證明它們全部都會上升。以剛才的例子來說，就是必須增加分子的數值。相反的，如果前提只提供了部分資訊，那麼推論出的訊息也只得讓步，變成「A公司主要的製造成本上升」。如此一來，雖然推論更有邏輯，不過可惜的是，訊息性變得很薄弱，有點接近接下來要說的「摘要」訊息。

總而言之，**特意進行跳躍性思考的假設性思考，跟從限定推論中得出結論的結論法，是兩種不同的思考方式，不可混為一談**。而結論法所得出的結論，是跳躍性最低的訊息。

用什麼訊息做什麼推論，就像辦案技巧

結論法是一項推論的作業，其中特別要注意的陷阱是「跳躍性」。所謂「結論法」，就是將特定訊息作為結論，然後論證這項特定訊息的作業方法。論證的過程，其本質就是推論。

前面的章節介紹過訊息有三種：記述訊息、評價訊息、規範訊息。所根據的訊息種類不同，結論法的作業方式（即論證方式）便隨之不同：

記述訊息——使用因果論證法與實證論證法。

評價訊息——根據評價項目或評價基準來論證。

規範訊息——行動原理的論證方法。

接下來，我簡單說明一下不同訊息種類的論證方法。至於要怎麼應用，我會在第七章中詳加說明，我會運用「命題」這個橋梁，來連接根據和結論，幫助讀者學會增加說服力的方法。

■「記述訊息」如何推論：用因果法和實證法

記述訊息的論證方法分為兩種：**以理由來說明的因果論證法，以及用統計和經驗來說明的實證論證法**。

假設我們要論證一則記述訊息：「這個寶特瓶的容量為三百三十毫升」，我們可以先測量寶特瓶的尺寸，然後將底面積乘以高，就可以計算出容積，這就是**用理由來說明**的論證方法，也就是因果論證法。

另外，還有一種更單純且具有說服力的方式，就是實際注入水來測量，這便是經驗型的實證論證法。除此之外，我們也可以蒐集很多相同的寶特瓶，「由於其他的寶特瓶幾乎都是三百三十毫升，毫無例外，因此這個寶特瓶應該也是三百三十毫升」，這就是統計型的實證論證法。還有一種是「對寶特瓶相當了解的A、B、C三個人，都說這個寶特瓶是三百三十毫升」，這便屬於證言型的實證論證法。

■根據評價項目和評價基準，做出「評價訊息」的推論

評價訊息所表現出來的，是一則表達優良／不優良、重要／不重要，以判斷好或壞的訊息。其論證方法，必須基於某種價值觀的評價項目或是評價基準，來進行論證。例如，要論證「A是優秀的人才」這則評價訊息，我們必須找出判斷人才優秀與否的評價項目，然後說明A是否符合該評價項目，作為論證的根據。

進行評價性論證的結論時，必須基於評價項目和評價基準，也就是要有理由，所以它也算是一種因果論證法。如果想要論證「Z公司的員工A很優秀」這則評價訊息，我們也可以用實證論證法：「因為Z公司的其他員工B、C、D都很優秀」。不過，這只是間接論證，沒什麼說服力。因此，還是評價性論證可信度較高。

■「規範訊息」的背後一定藏有行動原理

規範訊息，就是促使某人採取某個規範行動，或是促使事物變成某個規範狀態。**規**

範訊息的論證必須根據行動原理來進行。規範訊息的背後，一定存在某種行動原理，關於這一點，我已經在第一章中，解說規範訊息時說明過了（詳見第三十四頁）。而我還會在第七章中更詳細的解說。在論證規範訊息之際，最重要的是，必須意識到潛藏在邏輯背後的行動原理，然後判斷對方是否也同樣重視它。

摘要法：把「複數」訊息整理出「一個」抽象訊息

接下來，我要介紹由下而上法中另一個導出訊息的方法，就是「摘要法」。如果說結論法是從無中生有，那麼**摘要法則是抽取出潛藏在事物背後的共通本質**。也就是說，摘要法為從訊息群組中，抽取出共通的本質，藉此減少表達的字數的方法。

這套方法的核心步驟，就是將具體的訊息予以抽象化。換句話說，表現邏輯思考的摘要法，就是提升下位訊息群組的抽象層次，以大量減少字數的一項作業。當然，有時候做摘要的最終目的，便是要去除較不重要的資訊。摘要法的核心作業，其實就是藉由抽象化來減少字數，但是，去除、省略並非摘要的本質。

換句話說，**把複數的具體訊息整理出一個抽象性的上位訊息，即為摘要法**。假如只是把一個具體訊息轉換成一個抽象訊息，那麼與其說它是摘要法，不如說它只是單純的抽象處理。

■訊息這麼多，你得一句話抓住全部

請回想在第二章中討論過的追求明瞭表現的第三個要素：具體表現（不要抽象）。在第二章中，我要求大家將個別訊息的抽象表現，轉換成更具體的表現。

例如，「希望調整生產」這個抽象表現，要轉換成具體表現「希望減少生產量」。但是，摘要法的核心作業——抽象化，剛好與這個方法完全相反。也就是說，要**從複數的下位訊息當中，找出能表現出共同本質的一則訊息**。單一的訊息要具體，但很多訊息成為群組時，則要透過抽象化來找出它們共同的本質。例如：

①「X公司的產品價格一律上升一〇％。」
②「相反的，Y公司則一律調降五％。」
③「Z公司似乎仍然在觀望中。」

上面三則訊息位於金字塔結構的下位。其中，具體表現有「上升一〇％」、「調降五%」、「在觀望中」。

當我們執行摘要的時候，要找出包含這三種狀況的抽象表現。一個可以當作摘要法範例的解答是：各公司都在調整價格。因為「上升一〇%」、「調降五%」、「在觀望中」這三種具體表現，都可以由「調整價格」的本質含括。當然，「各公司正在重新訂定價格」這個答案也不錯。

■抽象思考的摘要，不是刪除而是萃取

第一章說明了主題的概念，當時我們從複數的訊息當中，由下而上推導出主題，而其目的在於設定主題（主題並非句子），所以我們沒有討論到訊息（訊息是主詞、述詞明瞭的句子）。

可是，現在我們做的這項步驟，其本質是為了從複數的具體訊息中，萃取出一則共同的精華，也就是進行抽象化的作業。這時候，我們必須顧慮到訊息：要把複數訊息變成單一訊息——主詞、述詞明瞭的句子。兩者的作業方式相同，但是摘要法不是尋求主題，而是表現出主詞與述詞關係明瞭的訊息。

重點在於，摘要法不會與下位訊息群組中的資訊切割開來，也不省略。其原因在於，有不少人一聽到要從大量資訊中整理出摘要，或者聽到要進行抽象化的作業，就大

刀闊斧的到處刪除資訊。這感覺上就像是，我們希望他摘要出天體中的地球，他就將地球進行物理性的切割，結果只交出一顆小石子。

然而，摘要法並非如此。摘要法是抽象化的步驟，就算失去細節，對象的本質仍要明瞭。換句話說，**抽象化就是將事物模型化的作業**。以剛才地球的例子來解釋，就是把真的地球摘要成地球儀，而地球儀就是地球的模型。因此，我們可以省略細部的資訊，但即使刪除了細節，地球儀仍然給人一個明確地球的印象。

例如，有一則訊息：「A喜歡拍攝知床硫磺山、富士山、淺間山、阿蘇山、櫻島、普賢岳、三原山等地的照片。」簡言之，A喜歡拍什麼樣的照片、這些地名的共通本質為何？答案是：這些山全部都是火山。進行摘要之後，就變成「A喜歡拍攝火山的照片」。相較於羅列具體的資訊，摘要法不僅可以大幅減少字數，更能夠明瞭的傳遞訊息的本質。

■抽象化是腦力工作者必備的思考技術

邏輯表現力中的「摘要法」，就是將下位訊息濃縮得更為抽象。對於從事抽象化作業的腦力工作者而言，邏輯表現力是非常重要的關鍵技巧，因為他們必須時常跟混合著抽象訊息的案例打交道，並且要以明瞭的方式來表達。

可惜的是，雖然摘要法很重要，但在我的印象當中，大多數談邏輯思考書籍都只講解MECE（不重複、不遺漏），或是「完整性與獨立性」，而對於抽象化的技術，通常只是輕描淡寫的帶過。

只有「一般語意學」（General Semantics）把抽象化當作思考技術，並且從學術的角度來進行研究。美籍波蘭裔哲學家阿弗列・科齊布斯基（Alfred Korzybski）於一九三三年寫了《科學與神智》（*Science and Sanity*）一書，為一般語意學這門學問建構了完整的體系。

■通常你得先抽象、再推論

到目前為止，我們分別學習了結論法和摘要法，若能雙管齊下效果更好。

例如，某主管詢問部屬：「消費者現在的需求為何？」對此，部屬蒐集了具體的訊息，包括了「A想要小貓」、「B想要家鼷鼠」、「C想要松鼠」、「D想要天竺鼠」、「E想要小狗」等。

部屬知道，如果不把這些「活生生」的訊息加以處理，就直接向主管報告的話，大概會被大聲斥責：「我可不是來替你整理報告的！」因此，部屬認真思考：「小貓、家鼷鼠、松鼠、天竺鼠、小狗……對了！」於是，他開心的向主管報告：「消費者現在想要小動物。」

各位覺得這位部屬所做的抽象化作業如何呢？他確實已經將「小貓、家鼷鼠、松鼠、天竺鼠、小狗」這些具體表現予以抽象化了。「小動物」這樣的表現，純粹就抽象化來看是正確的。當然，「小型哺乳類動物」也沒錯。可是，如果直接就這樣報告主管，主管的反應大概會是：「消費者想要小動物？我聽不懂，你再想一下。」確實，光是講小動物，對方大概無法理解，因為消費者與小動物之間的關係不夠明確。想要小動物的是消費者，所以最重要的課題在於，從消費者的觀點來看事情，其意義為何？

這位部屬發現：「對了，消費者想要把小動物當寵物養。」他推論出消費者與小動物之間的關係，這就是結論法。也就是說，這位部屬經過兩道手續，先抽象化（摘要法），再推論（結論法），引導出訊息：「消費者想要養小寵物。」這則訊息因為是最終推論，所以可以稱為結論。在這個結論當中，同時含有抽象化和摘要化的作業。

更進一步推論，寵物可以提供消費者精神上的撫慰，因此「消費者想要得到精神撫慰」的訊息，也可能發生。然而，如此一來，這個結論會有跳躍性，以推論的範圍來說，已經進入假設的領域了。總而言之，摘要和結論，最好一併思考，但是除非你要進行假設性思考，否則得注意不要做過度的推論。

接著你得學會先推論、再抽象

假設我們將「東武百貨店」、「小田急百貨店」、「三越」、「伊勢丹」、「高島屋」予以抽象化，可能會出現幾種結果，像是「百貨店」、「大型百貨店」、「百貨公司」等。如果範圍再稍微擴大一點，也可以改成「零售業」，或抽象化成「流通業」。

那麼「其他業者」這種說法如何？如果把這些百貨公司都當成自家公司以外的主體，那麼「這幾家百貨都不是自家公司」的推論也說得通。雖然很少人會把自家公司和別人公司搞混，不過這確實也是個有效的推論。

那麼，「有競爭關係的業者」這個表現方式呢？單從「自家公司」這個定位，就可以了解「競爭關係」的概念，而這樣的表現，多少提升了訊息與當事者的關係。其原因在於，自家公司並非與其他所有的業者都有競爭關係。

像這樣，有時候只是單獨的把對象本身抽象化，有時候則是加入與當事者的關係或其他的要素，也就是進行推論之後，再予以抽象化。

抽象化，化繁為簡的技巧

■適度抽象表現，反而促進具體理解

話題回到抽象化（摘要法），現在我要進一步說明抽象化的步驟。摘要法中使用的抽象化技巧，以及為了明瞭表現而將抽象事物具象化的技巧，這兩者都是為了提升具象和抽象的階段性作業。設計訊息的最終目的，是達成適度的抽象表現或是具體表現，而階段性的抽象化作業，就是完成這個目的的基本技巧。

例如，「家裡的哺乳類動物，昨晚通宵叫不停，害我一夜沒睡好」這則訊息，很難讓人懂。哺乳動物是什麼？抽象度太高。相反的，如果改成「家裡的小太郎，昨晚通宵叫不停，害我一夜沒睡好」卻又太具象，同樣也很難懂。有人會說：「我又不認識你們家的小太郎，也不想認識。」這是因為表現得太過具體了。由於專有名詞只對某些人有意義，因此，若不知道就無法理解訊息的涵意。

我們**要追求的是適度的抽象表現**。如果改成「家裡的狗昨晚通宵叫不停，害我一夜沒睡好」接收者較容易產生合適的印象，達成溝通的目的。「原來小太郎是你們家的狗，狗確實是哺乳動物沒錯啦！」成功傳達訊息的重點之一，即是適度的抽象表現。

■太具象和太抽象都太難懂

熟練的以適度的抽象來表現訊息，是腦力工作者必備的能力之一。例如，有人在製作文書時，常會一個接著一個、介紹很多具體事項，結果完成了一份訊息不明瞭、厚重的案例集。如果製作文書的目的並非製作案例集，那麼閱讀的人一定會問：「你到底要講什麼？」這時候，製作者或許也會發現「我真的寫得太具體了」，卻經常會敷衍對方說：「總而言之，本公司有很多重要的問題。」換句話說，準備了很多具體的資料，結果提供的卻是模糊、抽象的訊息。

不管是羅列了具體的個別訊息，或者過度模糊的抽象訊息，如果表達訊息時，在這兩者之間搖擺不定，將顯著的降低知識的運用，實在不是聰明的做法。

為了不造成誤解，我要再次強調，抽象表現的重要性不亞於具體表現的重要程度。適度的抽象表現以及讓人浮現印象的具體表現，是相輔相成的。先藉由適當的抽象表現，表現出想要傳達事物的本質，接著再用腦中浮現的影像等具體表現，來支持這些本質，如此一來，就能清楚的傳達訊息。但必須注意的是，不要在過度的具象與過度的抽象之間搖擺不定。

■抽象化並非「連鎖發想」

階段性的抽象化，是每個人都必須學習的理性思考活動。首先，我要解釋抽象化思考活動中容易掉入的兩個陷阱：聯想遊戲，以及部分抽取。

所謂「聯想遊戲」，是指從一個語彙的關聯性連想到下一個語彙。就像小朋友玩接龍：「一、二、三，金平糖，金平糖很甜，很甜是砂糖，砂糖是白色，白色是小白兔，小白兔會跳，會跳是青蛙，青蛙是綠色，綠色是妖怪，妖怪會消失，消失是燈光，燈光會發亮，發亮的是老爸的光頭……。」

但是，聯想跟階段性的抽象化思考不一樣，聯想與抽象化無關，看起來只是一連串似乎有關係、又似乎沒關係的連鎖發想而已。再舉一個例子：

「學校→教育→教育部→官僚→國家→文化」。

這樣的思考流程也算是一種聯想遊戲，只不過相較於「金平糖很甜」的語言接龍，其語彙之間的關聯性要更緊密。

以偏概全，「部分抽取」不算抽象化

另外，部分抽取也不是抽象化。所謂的「部分抽取」，是指抽取出某個項目中的部分構成要素。例如：

「學校→校舍→出入口→鞋櫃→室內鞋→走廊」。

除了線上授課學校以及函授教育之外，大多數的學校應該會有校舍。既然有校舍，就會有出入口。在日本，中、小學的校舍通常都設有鞋櫃，用來放置室內鞋。像這樣的連鎖思考，不過是把前一個項目的某個部分抽取出來而已。部分抽取與聯想遊戲一樣，都不算是抽象化思考。

「抽象化」這項理性作業，是以概念上的廣度來精煉出事物的本質。光是抽取出部分的構成因素，並不算是抽象化。其原因在於，在部分抽取的過程中，我們並沒有精煉出事物的本質，也沒有任何概念上的廣度可言。

成功的抽象化思考，必須把具象包含在抽象裡。換句話說，我們不能將下位訊息（具象）包含在上位（抽象）訊息當中。以學校的例子來說，我們不會說「學校包含於校舍當中」，也不會說「校舍包含於出入口當中」。因此，部分抽取和聯想，都不是抽象化思考。

那麼，以下的連鎖關係又是如何？

「學校→教育設施→設施→建築物→建造物→人造物」。

以階段性的抽象化來說，這個連鎖關係是合格的，因為我們可以將下位訊息（具象）包含於上位訊息（抽象）中——學校確實是教育設施之一。如果把「教育」這兩個字拿掉，就會跑出各種設施，醫院是設施，警察局也是設施，每個包含關係都能成立。

■「一言以蔽之」，才是抽象化

到底是將具象事物抽象化比較難，還是將抽象概念具象化比較難？雖然在大多數的情況下兩者都不簡單，不過將具象事物抽象化的過程，也就是由下而上法比較難。

其原因在於，在從抽象往具象的由上而下法的過程中，傳遞者想要傳遞的本質已經表現出來，所以只要找出可以表現這個本質的具體例子即可。例如，我們將「組織」這個抽象概念具象化之後，可以列舉出好幾種組織型態，像是公司、財團、協會、機構、機關等。

相對的，在將具象事物抽象化，以方向來說就是由下而上的場合裡，我們就必須從具象事物所含有的許多本質當中，找交集點才行。請回想前述的學校例子。學校這個具象中包含了建築物、組織、場所、制度等好幾個本質。因此，**在將具象的事物抽象化之際，必須選出自己想傳達的本質**，而這項作業並不容易。

■經濟很發達，但沒有經濟學

有一次，我為某家日本大型企業的員工上能力開發課程，常聽到他們反映：「階段性的抽象化思考好難。」這讓我感覺到，日本文化似乎不擅長做階段性的抽象化思考。思考其原因，大概是因為日本文化偏向於重視具體的事物。

「我們的經濟很發達，可是卻沒有發展出經濟學。」經濟學是學問，學問就是要形成體系，形成體系就是建立金字塔結構。而金字塔結構的縱向關係，就是抽象關係。越往上升，抽象度就越高；越往下降，具體性就越高。

換句話說，形成學問就等於形成體系，其中需要階段性的抽象化思考過程。如果日本文化不擅長階段性的抽象化思考，那麼日本人應該也不擅長那些需要體系才能形成的學問。然而，我的意思並非因為語言和文化上不擅長，所以只好認命。**重要的是，因為不擅長，所以更需要藉由練習來克服**。

什麼推論法，決定什麼金字塔

以上的介紹，我們從由下而上的概念學到引導出訊息的方法——結論法和摘要法。特別是在結論法中，還提到了依照訊息種類不同的論證方法。其實，藉著這些引導方法將訊息圖表化的過程中，我們就已經大概設想好，邏輯金字塔應該採用並列結構，或是直列結構。

為了保險起見我們再確認一次。並列型的結構，是任何一則下位訊息都與上位訊息直接相關。亦即，每一則下位訊息都可以獨立支持上位訊息。

而直列型的結構，則是每則下位訊息之間，存在一種強大的序列關係，只有最後面（通常為最右側）的下位訊息支持上位訊息。「直列型金字塔」容易表現出：

- 因果論證法。
- 評價論證法。
- 行動原理論證法。

這些方法都是以結論法來進行論證，由於都是屬於透過演繹來解說的類型，橫向連結關係相當強，因此適用於直列型的金字塔結構。

在此，先舉出一個因果論證的例子：

「好幾位著名的證券分析師推薦買D公司的股票。」（根據）
「跟著分析師買股的好處，就是股票會上漲。」（命題）
「因此，D公司的股票一定會上漲。」（結論）

所謂「命題」，是指連接根據與結論的前提。由於命題的內容是連結根據與結論之間的因果關係，因此這則例子屬於因果論證。關於命題，我會在第七章中詳細說明。

以下是關於評價論證法的例子：

「A公司為低事業風險和低財務風險的公司。」（根據）
「一家公司的評等由事業風險和財務風險評斷。」（命題）
「因此，A公司的評等一定很高。」（結論）

由於命題的內容為評價項目，因此這是評價訊息的論證方法。

接下來是行動原理論證法的例子：

「併購Z公司和本公司的本業沒有任何關聯。」（根據）
「併購是根據對方和本業有無相乘效果而決定。」（命題）
「因此，不應該併購Z公司。」（結論）

由於命題的內容為行動原理，因此這是規範訊息的論證方法。

以上都是關聯性較強的邏輯開展，適用於直列型的金字塔結構。另一方面，用「並列型金字塔」來表現的方法有：

- 實證論證法。
- 摘要法。

這些方法的縱向關係比橫向關係強，易於使用並列型的金字塔結構（也就是說，抽取訊息的方法帶有歸納法性質）來表示。

以下為實證論證法的例子：

「太郎連續打噴嚏。」（根據）
「太郎身體發燒。」（根據）

圖表3-5 由上而下法

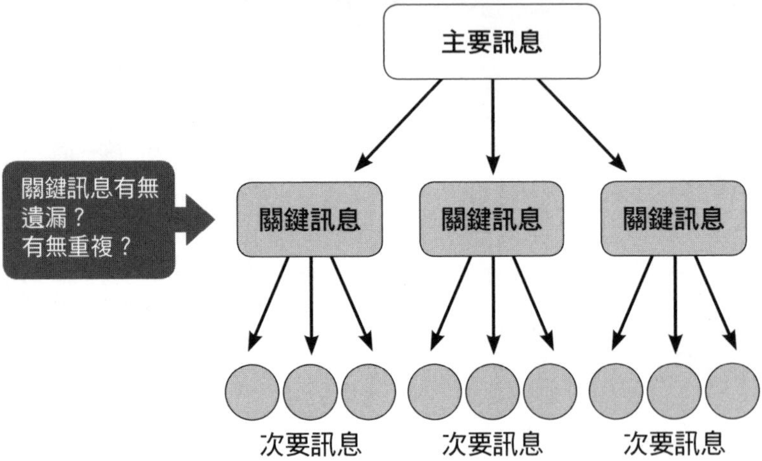

「太郎沒有食慾。」（根據）

「太郎說他全身痠痛。」（根據）

「因此，太郎感冒了。」（主張）

由上而下法

■由上而下法，就是將訊息加以分解

前面我們學到結論法、摘要法等由下而上的思考技巧。現在，我們要看看什麼是由上而下法。所謂由上而下法，是從主要訊息開始進行訊息設計的方法。（圖表3-5）就是先選定一個主要訊息，然後再分解成個別的關鍵訊息。接著，再將訊息往下分解成若干次要訊

息。**由金字塔的頂點開始，往底邊下降的思考過程，就稱為由上而下法**。

執行長、董事長、總經理等都屬企業組織高層，當他們發出主要訊息的號令，接受命令的各個部屬則必須考慮各自的具體行動。這個狀況，就如同由上而下法的訊息分解一樣。

當我們形容一個組織的特徵時，經常會說它們是由上而下型，或是由下而上型。仔細想想，組織也是一種金字塔結構，所以公司組織的訊息傳遞，與這裡解說的由上而下法、由下而上法，可說是不謀而合。

■由上而下，拆開解析：理由法或詳述法

誠如前述，由下而上法，就是從下位訊息導出上位訊息的手續，而訊息的設計方法包括了結論法和摘要法。相對的，由上而下法，則是把上位訊息拆解成下位訊息，跟由下而上法相反，而其訊息的設計方法，包括了**理由法**和**詳述法**。

如同字面上的意思，理由法是把下位訊息定位為上位訊息的理由。詳述法則是跟摘要法相反，也就是必須詳細說明。摘要法的核心是抽象化，詳述法的核心則是具象化。簡言之，這兩種由上而下的思考法，都是從上位擷取部分訊息放在下位，再透過具體的訊息來加以說明。

由上而下法的具體作業方針，是考慮「為了讓上位訊息更有說服力，要用哪些下位訊息比較能夠支持論點」，來設計訊息。

例如，假設主要訊息表現出一個結論：「Z公司已經展開適切的行銷策略。」採用由上而下法，或許可以得出以下幾個關鍵訊息，作為支撐主要訊息的理由：

「Z公司的產品策略是適切的。」
「Z公司的價格策略是適切的。」
「Z公司的推廣策略是適切的。」
「Z公司的通路策略是適切的。」

之所以列舉出這些例子，其背後的邏輯是：行銷策略的評價項目，就是由產品、價格、推廣、通路等策略所構成。因此，如果這些策略都十分適切，那麼我們便可以整理出以下的評價：「Z公司的行銷策略是適切的。」這裡的分析架構，是根據「行銷4P」（編按：即產品〔Product〕、價格〔Price〕、推廣〔Promotion〕、通路〔Place〕）理論。

■詳述法，會形同告訴人家如何做

有時候，我們在由上而下法當中提出的詳述內容，會變成實行上位訊息時應該採取的做法，也就是具體步驟。舉例來說，上位訊息（主張）為「本公司應該實施更具效果的銷售策略」。

如果用由上而下法來設計訊息，我們可能會有兩種目的，第一種目的是詳述主張的理由，例如基於什麼理由，認定現在的銷售策略沒效率。不過，有時候是第二種目的：詳述應該採取的做法，也就是如何實施有效的銷售策略，例如：

「更換店鋪的地點。」
「替換商品。」
「重新設定價格。」
「更換廣告媒體。」
「重新促銷推廣。」

■以由上而下法驗證，是假設還是結論

事實上，我們也可以運用由上而下法，來驗證由下而上法所引導出的主要訊息。

由下而上所引導出來的主要訊息，原本就不保證是絕對正確的。其原因在於，它的材料——即次要訊息，並不保證能夠涵蓋所有的重要因素。如果作為材料的次要訊息都不完整，那麼即使你順利的依據主題來分類次要訊息，然後由下而上建構出金字塔，所引導出來的主要訊息未必就是正解。

換句話說，由下而上精煉出來的訊息，雖然不至於讓人覺得太跳躍，但最好還是把它當成假設來看待。這時候，由上而下的訊息設計過程，就是你驗證這個假設的作業。

■由上而下、由下而上，經常同時進行

前面已解說了兩種設計訊息的方法：由上而下法、由下而上法。雖然剛才是就個別的手法來做說明，但是實際上設計訊息時，**最好是兩者同時進行**。在進行報告或分析等思考作業時，最好能時時確認金字塔中的上下關係。也就是說，在思考的過程中，幾乎不可能只靠由下而上法或是由下而上法，就可以完成。在完全沒有主要訊息或主題方向的情況下，很難單單靠著由下而上法就推導出一個主要訊息。

相反的，在完全沒有具體資訊的情況下，也很難只用由上而下法，就能當場得到細分出來的訊息。（例如，如果沒學過4P，怎麼可能分析行銷策略？）但是，只要運用金字塔結構來設計訊息，即使你沒有意識到，也一定會不自覺的由上而下、由下而上的

來回反覆確認。差別只在於，由上而下法與由下而上法這兩者當中，何者使用得比較頻繁而已。

接下來，我要談談主題的金字塔結構。

主題金字塔，解析的利器

■把三層主題架構成金字塔

到目前為止，本書所介紹的金字塔結構，其展現的圖表都是依照層級類別來配置訊息。既然有配置訊息，當然也有配置主題的金字塔結構。如果將配置訊息的金字塔結構稱為「內容」金字塔結構，那麼配置主題的金字塔結構，就可以定位成「容器」金字塔結構。

順帶一提，只要把邏輯表現力中的主題金字塔橫倒著放，就成為經常用於各種分析工作的**邏輯樹**（logic tree）。例如，關於行銷的書籍在開頭的部分，可能會出現以下的目次：

關於行銷的訴求策略
第一章：廣告宣傳。
第二章：公關。
第三章：人員銷售。
第四章：促銷。
第五章：網路上的口碑。

「訴求策略」表達出整本書的主題。由於表現的抽象度過高，因此無法將具體內容傳達給讀者，不過可以促進讀者一定程度的理解，例如有人會想：「訴求策略？感覺上這是本講促銷策略的書」。這是因為主要主題（書名）已經界定了整本書的範圍：產品訴求。所以，就算還沒有提供具體的訊息，也已經讓讀者先有了心理準備。

從第一章至第五章，所有的表現都是主題，不是訊息。雖然它們比起「訴求策略」已經具體多了，不過仍然沒有表示出具體內容。像是第一章「廣告宣傳」，不管你說上幾百次，聽的人還是無法理解，而「人員銷售」和「促銷」也是一樣。大概只有「網路上的口碑」會讓人有所反應：「喔，這大概是在講什麼，所以呢？要做什麼？」不過也僅止於此。這些目次的內容，都是比主要主題更加具體的關鍵。

以主題金字塔來說，這裡的目次處理了主要主題和關鍵主題。一般來說，目次多半就是主題金字塔。

■每一層的主題都具體，邏輯就清楚

關鍵主題（章名）的表現，比主要主題（書名）更具體。如果再將關鍵主題分得更細，就會出現次要主題。例如，「促銷」這個關鍵主題，或許還可以再細分出以下幾個項目：

- 發送ＤＭ。
- 發送產品。
- 刊登ＰＯＰ廣告（賣點廣告）。
- 發送試用品。
- 舉辦促銷活動。
- 舉辦講座。

這些項目雖然比上一層的「促銷」更具體，不過仍然屬於放入訊息（主詞和述詞明瞭的句子）的容器。不管它表現得多麼具體，主題還是主題。不過，越下層的容器，容量越有限。換句話說，可以容納訊息的範圍越來越小，但還不至於變成訊息。

關於主題，包括了主要、關鍵、次要等三個層次序列，而這幾個序列都是相對的。以前述的例子來說，使用的序列如下：

主要主題：行銷的訴求策略。

關鍵主題：促銷。

次要主題：發送ＤＭ。

「訴求」本來是主要主題，但它卻是構成行銷的策略之一。所以，假設在訴求上再放置一個「行銷策略」當成主題，那麼「行銷策略」便成為主要主題，「訴求」便降格為關鍵主題。如此一來，新的序列變成：

主要主題：行銷策略。

關鍵主題：訴求策略（本來是主要主題）。

次要主題：促銷。

次次要主題：發送ＤＭ。

也就是說，我們現在找到一個更大的「訊息容器」，並且將它變成主要主題。我們必須假定，在主要主題之上已經沒有主題，這樣才能聚焦。而最下面的層級只需要多加一個「次」即可，視情況而定，看要往下加幾層都可以。

一般而言，金字塔結構的上下關係都是抽象關係。也就是說，金字塔上層比下層抽象。上層主題範圍較廣，下層主題則較為具體。舉例來說，如果主要主題為「狗」，關鍵主題為柴犬、秋田犬、臘腸狗、吉娃娃、英國鬥牛犬、牧羊犬，那麼上下關係為抽象關係。

可是，金字塔結構的上下關係並不只限於抽象關係。例如，如果主要主題為「一週」，關鍵主題就是週一、週二、週三、週四、週五、週六、週日。與其說它們的上下關係是抽象關係，倒不如說是構成要素的關係還比較合適。

換個例子，如果主要主題為「營業額」，關鍵主題為產品單價、販售數量，那麼它們除了是構成要素之外，由於「產品單價」乘上「販售數量」即為營業額，因此上下之間還形成函數關係。

總而言之，金字塔結構的上下關係有很多種，比較具代表性的有，剛才提到的**抽象**

關係、**構成要素關係**、**函數關係**等。無論如何，所有金字塔結構的共通概念為上層範圍較廣、下層範圍較窄。

■好的商業文書，最好同時有主題和訊息

不管你正在配置的是訊息或主題，結構上都應該是金字塔結構，層級的名稱都相同，由上而下的序列皆為：主要主題、關鍵主題、次要主題。

此外，不論是訊息金字塔還是主題金字塔，層級之間的相對性都跟前述相同。當然，也有同時顯示主題和訊息的金字塔結構。這時候，金字塔的結構圖會同時呈現出按層級配置的容器和內容。

當我們想用金字塔結構來呈現文章報告時，最終追求的形式，最好同時包含主題和訊息（句子），別光給主題而沒有訊息。因此，**最好一開始就同時意識到主題和訊息**。當我們在劃分主題類別的群組時，必須同時想到主題和訊息。在這裡附帶說明一下，MECE（不重複、不遺漏）的分析架構，如果也想以金字塔結構來表現，就應該是「主要主題底下，關鍵主題已經網羅一切」。所以，學習主題金字塔，對於建構訊息金字塔大有幫助。

報告主題只能有一個（好吧，最多兩個）

想必讀者對於金字塔結構，應該有了整體的了解。現在，我們要考慮的是，每個層級應該設定多少個主題？由於主題就是裝入訊息的容器，所以思考主題的數量，就等於思考訊息的數量。

首先是主要主題。既然是主要主題，基本上只有一個，例如：

「都市排水對環境的影響」。
「關於Z計畫進展狀況的評價」。
「關於營業額倍增的新事業提案」。

如果主要主題不只一個，訊息就比較難以傳達給對方，所以再怎麼多也不要超過兩個。例如，寫道歉文書時，以主要主題來說，常用的表現為「道歉啟事」。如果是回收瑕疵品，主要主題便會設定成「道歉與懇請」。其他諸如：

「〇〇公司倒閉的背景，**以及**對業界的影響」。
「××市場的動向**與**對本公司的意義」等。

如果有兩個主題，同時放在主要主題的位置，大致上沒什麼問題。其實，前述兩個例子都可以歸結成一個主題的形式：

「〇〇公司倒閉對業界造成的影響」。

「××市場動向對本公司的意義」。

如果有三個主題，那麼與其說這段文字是主要主題，還不如把它當成關鍵主題來處理。或是，再想一個主要主題，來涵蓋這三者會比較好。

■關鍵主題最好三個，上限七個

關鍵主題最應該注意總數量。從結論來說，盡量分成三個或五個。如果怎麼樣都無法歸納成五個，那麼最多七個，務必避免增加到八個或九個。

為什麼上限為七個？根據心理學家的研究，以數量來說，**七這個數字，是人類聽過一次後可以記住的上限**。事實上，無論東、西方，很多的慣用句、角色、商品名稱都含有數字「七」。例如：

「7S」（分析組織用的架構）、「七味唐辛粉」、「七福神」、「父母的七道光芒」

（譯注：日本諺語，指父母親的庇蔭）、「七色彩虹」、「七海」、「七武士」（譯注：一九五四年黑澤明導演的電影）、「豪勇七蛟龍」（編按：美國西部動作電影）、「白雪公主與七個小矮人」、「世界七大謎題」、「七宗罪」（編按：基督教對人類惡行的分類）、「幸運七（lucky seven）」、「七星牌香菸（mild seven）」、「北斗七星」、「七葷八素」等。

各位應該還可以想到很多其他的例子。

■關鍵主題最少三個

我將關鍵主題的上限設定為七個，至於下限，我強力建議設定三個就好，「三」可說是安定事物的最小數值。桌子只要有三支腳就可以保持穩定，而風力發電的風扇葉片也是只有三片，因為三片似乎是最穩定的。很多東西的表現也都是用數字「三」，信手拈來的例子有：

「三位一體」、「三者兼備」、「三種神器」、「3C」（策略分析用的分析架構）、「三姊妹」、「三兄弟」、「三劍客」、「三原色」、「三色堇」、「三味線」、「三段論證」、「三大文明」、「三段跳」、「得三文錢」（譯注：日本諺語「早起得三文錢」，相當於中文的「早起的鳥兒有蟲吃」）、「三便士歌劇」、「三角關係」、「三角尺」、「三個臭皮匠勝過一個諸葛亮」、「三隻小豬」等。

■五個也可以，只要能整理成質數，便可收束

如果怎麼樣都無法歸納成三個，那麼盡量整理成五個。「五」也是很常看到的數值，像是：「五重塔」、「五大陸」、「五目炒麵」（譯注：什錦炒麵）、「五寸釘」、「五力分析」（企管顧問常用的架構）。另外，美國國防部的五角大廈也是五角形。

關鍵層級的主題，以文書來說是「章」，以簡短的筆記或信件來說就是「分段」，以一齣戲劇來說，則是「幕」。關鍵主題可說是構成整份文件最主要的骨幹。

世界上有很多慣用說法，不只有三、五、七等數字。像佛教哲學常會出現偶數，例如「四聖諦」、「四苦八苦」、「六波羅蜜」、「八正道」等。雖說如此，但基本最好用三、五、七等數字。順帶一提，如果以整理事物的觀點來看，七的下一個選擇為十一，再來則是十三。以書籍的章數來說，十三應該已經接近上限了。

三、五、七、十一、十三等數字，代表什麼意義呢？它們除了都是奇數以外，似乎還有其他的共通之處。事實上，這些數字都是質數。所謂「質數」就是除了一和本身之

外，其他數值都無法除盡的數字。二是質數，可是難以取得平衡。基於上述的理由，我建議在邏輯表現力中，關鍵主題的數量最少要有三個。

但是，如果想表達對比概念時，最好湊成雙。例如，黑與白、陰與陽、善與惡、右與左、天堂與地獄、使用前與使用後等。

ＭＥＣＥ的技巧，意義在於「思慮周延」

■金字塔的基本原則：「完整性和獨立性」

除了主題的數量、金字塔結構，還有一個在構成關鍵主題時很重要的概念，那就是主題之間是否為ＭＥＣＥ。

ＭＥＣＥ的全稱是「Mutually Exclusive Collectively Exhaustive」，直譯之意為「相互排他性、集合網羅性」，也有人翻譯成「不重複、不遺漏」。將關鍵主題設定在三、五、七個，目的在於分類能夠清楚，沒有重複，同時又能完整的網羅重要項目，而沒有遺漏。「不重複」是為了讓人容易理解，「不遺漏」是為了更有說服力。所以，ＭＥＣＥ是邏輯思考的基本概念。

例如，將「人」這個概念（主要主題）用MECE來分析，劃分出關鍵主題，可以分成男性和女性，也可以分成大人跟小孩。如果劃分成男性和大人的話，大人之中包含男性，這就產生重複，而且還遺漏了小孩和女性。

如果主要主題是「季節」，那麼關鍵主題就是春、夏、秋、冬。如果主要主題是「方位」，那麼關鍵主題就是東、南、西、北。雖然這些事物在現實中有無限的層次，不過在概念上都可以區分成數個部分。例如，一週有七天：週一、週二、週三、週四、週五、週六、週日，而尺寸可以區分為大、中、小。「循環型社會」的3R，分別是減量（Reduce）、重新利用（Reuse）與回收（Recycle）。這些都是符合MECE的例子。

雖然，次要主題的數量增多，要確保次要層級符合MECE有些困難，但是**在關鍵主題的層級中，要盡量追求不重複、不遺漏**。

■想不出自己的MECE架構，先用現成的

麥克·波特（Michael Porter）教授提出的「五力分析」，也是一種金字塔結構（分析架構）。在企業界，五力分析經常用於擬定競爭策略，是分析及理解產業時必備的分析工具。麥克·波特將「影響產業的力量」這個主要主題，分解成五個具有MECE性質的關鍵主題：五力，它們分別是「潛在進入者的威脅力」、「替代產品或服

務的威脅力」、「供應商的議價能力」、「購買者的議價能力」、「現有對手的競爭力」。這個分析架構的作用在於，只要你能夠確切掌握五力關係，就能夠理解影響產業的力量。

另外，「3C」這個分析架構也很有名。3C的金字塔結構以三個C開頭的英文字作為關鍵主題，來支撐主要主題：企業策略。3C是指企業自身（company）、競爭者（Competitors）、顧客或市場（Customer）。當思考一般的企業策略時，只要掌握這三個關鍵主題，大致上不會遺漏重要的因素，而且也不會出現重複。

可是，有些產業為限制性的業種，受主管機關的影響很大，所以最好再多加一個C：當局（Controller），會更加完整。還有，假使行銷通路也是影響該產業的重要因素，那麼應該要再多加一項「流通」（Channel），這樣就變成5C了。

■養成MECE的習慣，你有智慧

「C」出現得越來越多了，我再多介紹幾個。各位聽過評鑑鑽石的「4C」嗎？首先是大家比較常聽到的重量單位：克拉（Carat），一克拉是兩百毫克。再來是表示形狀的切工（Cut），例如圓形、橢圓形、三角形等。還有表示顏色的色澤（Color），例如無色、黃色、咖啡色等。最後，為表示是否有傷痕或雜質的透明度（Clarity）。

順帶一提，這裡面不包含硬度，大概因為硬度原本就是鑽石應該具備的要素，軟的鑽石就是贗品，所以不列為評價項目。

就像前述的「鑽石4C」、「春、夏、秋、冬」、「循環型社會的3R」等例子一樣，MECE分析並非只能用在擬定經營策略或者推展業務而已，最好平時就能廣泛運用，養成一種思考習慣。

藉由日常生活的訓練，讓MECE自然融入思考之中。例如，平常生活中要丟個垃圾，看到可燃垃圾和廚餘時，你會感覺好像有重複之處，而且還發現有遺漏：「那麼寶特瓶和一些瓶瓶罐罐，該怎麼辦？」

泡咖啡的時候，要不要放砂糖，就是MECE的思考，要不要放奶精，也是MECE的思考。當然，要放多少也是選項之一。可是，最根本的選項只有要不要放而已，這就是所謂的「集合網羅性」（不遺漏）。還有，放和不放無法同時做到，這就是「相互排他性」（不重複）。總而言之，不管你從事什麼工作，請盡量在日常生活中養成用MECE來思考的習慣。

■些微重複無妨，切勿遺漏

雖然我要大家在金字塔結構的關鍵訊息這個層級中，設定出不遺漏、不重複的主題，但真正能夠實現的門檻很高。訊息些微重複還不打緊，但很難做到完全不遺漏。

所謂MECE，就是「不重複、不遺漏」，但一般在談論的時候，我們常常說成「不遺漏、不重複」，順序正好顛倒。為什麼？或許是因為大家覺得遺漏是比較嚴重的問題，而我自己的經驗也是如此。以分析來說，比起些微的重複，遺漏重要主題更是致命的錯誤。

例如，某家企業委託經營顧問擬定適合的銷售策略。顧問弄清楚市場的動向之後，分析其他公司的行動。接著，他判斷其他公司的策略合理，於是建議該企業也採取同樣的策略。

但是，即使其他公司的策略合理，也只是對那些公司而言，不過是否適合該企業就不得而知了。假設，其他公司備足了高級商品，但說不定該企業的顧客策略並非走高級商品的路線。

總而言之，只要遺漏了企業客戶本身的實質分析，我們就很難提出適當的建言。

■設定「其他」為主題，可預防遺漏出錯

那麼，如何才能防止分析上的「遺漏」？很可惜的，就我所知並沒有完美防止遺漏

的方法，我想應該也沒有這種方法。不過，有兩種方法可以降低遺漏發生的機率。

第一種方法是掌握現成的MECE分析架構。換句話說，先在自己的祕笈裡儲存許多套MECE的分析架構（如五力、3C、4P、SWOT分析等），然後根據當下遇到的作業，選擇適合的方法來套用。即使不完全合適，只要稍加修改應該都能運用。

還有一種方法也很有效，就是設定「其他」作為主題。也就是**除了自己想出的主題之外，不管怎樣再多設定一個「其他」**。就邏輯上來說，至少確保了「不遺漏」的集合網羅性。雖然「其他」這個概念很模糊，但確實可以暫時當成主題。

最重要的是接下來的做法。在設定「其他」作為主題之後，就可以根據具體的案例，開始在「其他」這個關鍵主題底下，加上次要主題。如此一來，當你覺得有些次要主題無法歸納於已設定好的關鍵主題底下時，便可以把這些次要主題先暫放在「其他」之下。等到「其他」下面的次要主題越來越多，你便會發現「其他」這個關鍵主題的本質為何。

例如，有東西壞掉需要修理。如果將主要主題設定為「故障修理」，一開始應該是判斷哪個部分壞掉了，因此第一個關鍵主題設定為「狀況掌握」。當然，壞掉的原因也令人好奇，於是下一個關鍵主題為「原因查明」。接著，根據查出的原因修理，因此還有一個關鍵主題為「修理」。

整理「其他」案例，你就不會遺漏

了解故障狀況後，查明原因，然後再修理。看起來不錯吧。即使如此，我們仍然不禁擔心，會不會沒做到「不遺漏、不重複」。其實，狀況掌握和原因查明可以視為連續性的作業。大概很少人會不查明原因，就試著掌握狀況。一般人多半會一邊分析哪裡壞掉，一邊思考為什麼會壞掉。或者，在分析為什麼會壞掉的同時，思考哪裡壞掉了。

換句話說，至少在作業層級上，狀況掌握與原因查明會有重複。可是，在概念上，兩者可以確實區分開來，所以要說兩者不重複也可以。那麼，遺漏的部分呢？這時候，就可以列出「其他」這個關鍵主題了。設定「其他」之後，接下來我們一邊假定一個具體的案例，一邊想出次要主題。

例如，延續剛才的例子，A的家裡漏水了。在回想當時情況的同時，我們自然會將A採取的行動置於關鍵主題之下，換句話說，A的行動就是具體的次要主題。

首先，「發現漏水」可以置於「狀況掌握」之下。查明漏水的原因是「以前的地震造成屋瓦歪斜」，則將它置於「原因查明」之下。那麼「將屋瓦移回原位」就可以置於「修理」之下了。這樣就結束了嗎？事實上，A還有採取其他的行動。剛開始A發現漏水時，她趕緊拿著臉盆放在漏水之處的下方接水，以防損害擴大。那麼，這個行動應該歸納在哪個主題之下？它既非狀況掌握，也非原因查明，也不是修理。最後，只能放在

「其他」這個次要主題之下。

再舉一個例子來說好了，A曾經在騎自行車時跌倒，導致手腕骨折。當時，A為了能夠輕鬆的騎上陡峭的上坡，蛇行騎車，結果跌倒了。最後，A到醫院進行「修理」，在手腕上了石膏。不過，在她跌倒的當下，為了防止事態惡化，自己已經趕快在手腕上綁了木頭固定。這項行動不屬於狀況掌握、原因查明，也不屬於修理，於是歸類在「其他」之下。

像這樣一邊想著具體的案例，一邊列出次要主題，漸漸的「其他」部分就增多了。接著，「其他」這個關鍵主題的本質便慢慢浮現。就前述的例子來說，「其他」的本質是「緊急處置」。這項處置是為了在查明原因之前，不讓損害繼續擴大。如此一來，可以知道我們遺漏的關鍵主題為何，而整個分析也就更加符合MECE。

■創見通常躲在「其他」類當中

確實，設定了「緊急處置」這項關鍵主題之後，金字塔結構中遺漏的部分又減少了。但是，我們不能就此感到滿足。防止遺漏並非易事，必須持續搜尋，堅持到底。

我們回到A家裡的漏水事件，她將屋瓦移回原位之後，完成了故障修理。接下來，A把屋瓦的安檢工作委託給某家建築公司，這個動作是為了以後房子不要再漏水。另外，A在騎車跌倒之後，當她再遇到陡峭的坡道，就不再蛇行，而是下來牽著車走上斜坡，這個動作是為了以後不要再跌倒。

這些次要主題的動作，皆不屬於狀況掌握、原因查明、修理、應急處置等關鍵主題，所以先歸納於「其他」。現在，大家可以看出「其他」這個關鍵主題的本質了嗎？這些行動都是為了往後不要再發生同樣的錯誤而採取的策略，也就是「防止再度發生」。如此一來，整體的分析就更加符合MECE，尤其是集合網羅性更為提高了。

■文書不是燒肉，霜降是大忌

文書的構成應該要清爽，符合MECE，換句話說，就是要避免寫出「霜降」型的文書。所謂「霜降」，是指最具代表性的高級牛肉。為什麼霜降牛肉屬於高級品呢？原因之一是這種牛肉相對稀少且生產成本高，不過最重要的原因是它肉質鮮嫩。

為什麼霜降牛肉肉質鮮嫩？因為其瘦肉當中遍布脂肪。霜降牛肉有四〇%是脂肪，由於四成是純粹的牛油，因此當然又軟又嫩。在這裡先別管健康上的評價，常識告訴我們霜降牛肉是高級品。

雖說霜降在牛肉中屬於高級品，但是在文書上我不得不說它是低級品。在文書上，「霜降」是指各種不同的主題散落各處。

例如，在某份關於經營策略的文書當中，充滿了片片斷斷敘述自家公司的訊息，原本以為接下來應該是關於通路的說明，沒想到還是在講自家公司的事情。接著，以為接下來應該是關於競爭的說明，結果卻是講通路。之後，又帶到自家公司的資訊，以及市場狀況。然後，又出現通路、自家公司及市場。閱讀者被帶得暈頭轉向、眼花繚亂，這種文書一點也不替閱讀者著想。

一份好的文書，應該是主題清楚明確。肉就是肉，脂肪就是脂肪，骨頭就是骨頭。用前述的例子來說，自家公司的分析、競爭分析、通路分析、市場分析等，不要散落各處，應該各自集結成一個主題。

■先構思好主題的金字塔，訊息就容易設計

事先準備好「不遺漏、不重複」的分析架構，有助於訊息金字塔的製作。其原因在於，在金字塔結構中，這些符合MECE的分析架構（可能是現成的架構），代表著針對某項特定的主要主題所備妥的關鍵主題，已經相當完整。所以，只要把每則訊息放入個別的容器（也就是關鍵主題）之下，就能夠完成訊息金字塔。

換句話說，運用MECE的分析架構，就能夠輕鬆的針對主題類別，把訊息放置在「不遺漏、不重複」的群組當中。

雖然這個方法並不保證你設計的訊息內容一定合適，但是可以避免在分析上出現重大的缺漏或重複，這是一項大利多。MECE就像是使用現成的分析架構，擁有越多對你越有利。

但是，當我們實際思考個別業務時，現成的分析架構通常很難一一套用，可能得重新設定一套。在這種情況下，**必須在時間允許範圍之內，持續的自問自答：「我這樣做是否達到不遺漏、不重複。」**這時候，你口袋中許多現成分析架構的知識，也可以當作參考，所以知道得越多，絕對有利而無害。無論如何，預先妥善準備主題，總比完全沒有準備更容易設計訊息。

你可以自己演練

問題一：區分結論法的種類

判斷以下結論法的論證方法，是屬於因果還是實證？在此，我們先不討論結論與命題的關聯性（跳躍感），請把焦點集中在論證方法的「種類」上。

①

「C小姐在流淚。」（根據）
「人通常在悲傷時流淚。」（命題）
「因此，C小姐一定很傷心。」（結論）

②

「C小姐在流淚。」（根據）
「悲傷的情緒會讓人流淚。」（命題）
「因此，C小姐一定很傷心。」（結論）

③

「D公司的本業一定遇到瓶頸了。」（結論）

「因為，D公司正在進行多角化經營。」（根據）

「本業一旦遇到瓶頸，一定會進行多角化經營。」（命題）

④

「D公司的本業一定遇到瓶頸了。」（結論）

「因為，D公司正在進行多角化經營。」（根據）

「本業遇到瓶頸的公司，多半會進行多角化經營。」（命題）

問題二：階段性抽象化

請將下述的具體表現**由下而上提高抽象程度**。要注意，這不是聯想遊戲或部分抽取的作業。每個具體項目包含好幾種本質，你要思考幾種抽象化層次，並且在各個層次中寫下階段性的抽象化詞彙。

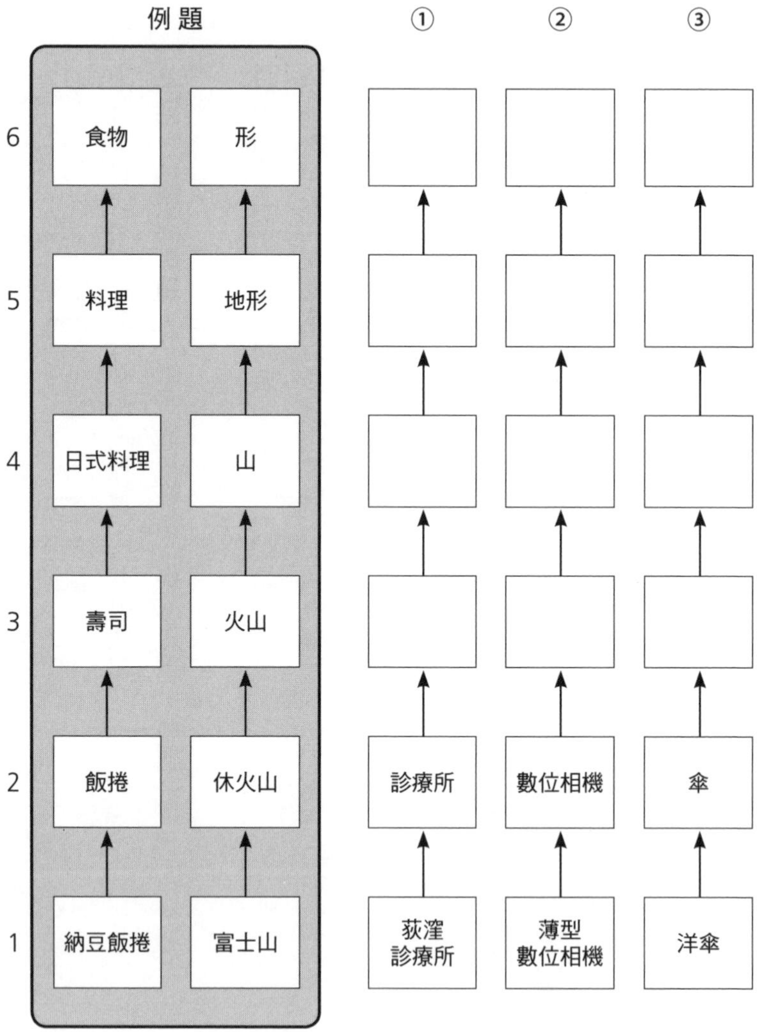
例題
①
②
③
6
5
4
3
2
1
食物
形
料理
地形
日式料理
山
壽司
火山
飯捲
休火山
納豆飯捲
富士山
診療所
數位相機
傘
荻窪
診療所
薄型
數位相機
洋傘

解答和說明

問題一：區分結論法的種類

①實證論證。因為「人通常在悲傷時流淚」的命題，為統計及觀察之結果。

②因果論證。因為「悲傷的情緒會讓人流淚」的命題，為因果性。

③因果論證。因為「本業一旦遇到瓶頸，一定會進行多角化的經營」的命題，為因果性。

④實證論證。因為「本業遇到瓶頸的公司，多半會進行多角化的經營」的命題，為統計性、經驗性。

↓這個課題演練的焦點，鎖定在區分論證方法的種類，不追究結論或命題是否有可信度。如果要追究結論的可信度，那麼C小姐可能不是因為悲傷而流淚，而是因為有灰塵飛進眼睛。還有，D公司可能本業很順利，只是想追求更進一步的成長。甚至，連命題也會有例外的情況。

問題二：階段性抽象化

①

例1：「荻窪診療所↓診療所↓醫療設施↓設施↓建築物↓人造物」。

↓這個範例解答與本文中學校的例子，流程是相同的。從荻窪診療所到「設施」、「建築物」，抽象化出其中一個側面，直到「人造物」時，本質便開始模糊起來。

例2：「荻窪診療所↓診療所↓醫療設施↓設施↓組織↓集團」。

↓這個範例解答，從荻窪診療所到「設施」、「組織」抽象化出其中一個側面，直到「集團」時，本質便開始模糊起來。

例3：「荻窪診療所↓診療所↓醫療現場↓現場↓場↓概念」。

↓這個範例解答，將荻窪診療所抽象化到「場」的概念。從橫向的展開來看，除了醫療現場之外，應該還有很多其他的現場，例如施工現場、事故現場、教育現場、殺人現場等。而將「現場」的「現」去掉後，就變成「場」。「場」也有很多種，從橫向的展開來看，除了地點的「場所」、氣氛上的「氣場」，還有磁性的「磁場」，物理上的「電場」、愛因斯坦的「統一場」。將「場」繼續抽象化下去，似乎有些困難，於是在這裡用「概念」一詞。

②

例1：「輕薄型數位相機↓數位相機↓相機↓攝影裝置↓裝置↓器材」。

例2：「輕薄型數位相機↓數位相機↓相機↓光學機器↓機器↓工具」。

例3：「輕薄型數位相機↓數位相機↓相機↓家電↓電器產品↓產品」。

↓到「相機」為止都很容易，找出「相機」的下一個本質才是關鍵。其他還有像是精密機器、記錄裝置等也可以。

③

例1：「洋傘↓傘↓雨具↓道具↓人工物↓物」。

例2：「洋傘↓傘↓雨具↓日常用品↓用品↓物」。

↓應該還有許多種可能，只要抓住抽象化的感覺即可。也可以把「道具」抽象化成達到目的的「手段」。

第 4 章

解決問題的基本能力

這一章，迅速提升你的做事能力

- 解決問題的步驟
- 一、發現問題
- 二、設定具體的課題
  （問題的背後，所要解決的課題是什麼）
- 三、確定課題之後，要列舉替代方案
- 四、評價各替代方案
- 五、實施解決策略
- 你可以自己演練

在第四章中，以前三章的思考表達技巧為基礎，學習解決問題的能力。這是第五章要學的故事展開方法的準備作業。本章的學習重點在於，如何運用高杉法發現各種類型問題以及設定課題，來展開故事。

解決問題的步驟

■商業文書的展開，就是解決問題的過程

絕大多數的時候，商業文書就是在解決某個問題，只有會議紀錄是例外。工作的本質即在於「修理損壞的事物」、「不讓事物損壞」、「讓事物更好」等，解決各種問題的過程。

當我們設計各式各樣的商業溝通文書，例如簡報、演講、電子郵件、報告等的時候，如果用解決問題的程序，來描繪它們的展開方式，整理起來會非常容易。如此一來，不但接收者容易理解內容，文書也更具說服力。我稍後再談論要如何展開故事。首先，我們要先認識故事展開的基礎，也就是解決問題的過程。

本書關注的作業為：在設計具有邏輯性和說服力的文書時，如何將解決問題的過程

交織於故事中，同時傳達給對方。在初步的階段，我先從故事展開的基礎，也就是解決問題過程開始介紹。

■解決問題的一般步驟

接下來，我們要依循解決問題的五個步驟，學習如何展開一個有說服力的商業文書。這些步驟為：

一、發現問題。
二、設定具體的課題。
三、列舉並檢測此課題的各式替代方案。
四、給各式替代方案下評價。
五、實施解決策略。

嚴格來說，在實施解決策略之後，還有一個步驟：必須檢視整個過程的來龍去脈，並修正軌道。

這五個步驟，就是解決問題的全套手法。但是，如果在第二個步驟中，你設定的當下課題為：「狀況有多嚴重？」，那麼測定各式替代方案以解決問題的步驟（三至五），就暫時先不處理。即便要處理，也得等前面的步驟都處理完（知道問題的嚴重程度）再說。

接下來我會逐一解說從一至五的步驟，告訴讀者展開故事的重要性。只要能理解這一套展開故事的方法，應該就能依照自己的需求加以運用，無論目地是簡報、郵件、報告、演講等。

一、發現問題

■所謂「問題」，就是現狀與期待狀況之間有落差

解決問題的第一個步驟是「發現問題」。如果沒有發現問題，便無法啟動解決的過程。所謂「問題」，就是現狀與期待之間的落差。

假設有一個問題是「A產品的銷售狀況變差」，表示說話者正在憂慮A產品的銷售與預期有一段差距。再來，假如「某工廠的運轉率下降」被視為問題，那就表示預期的運轉率與現狀有所差距。另外，如果說出「我們家的小孩成績很差，真傷腦筋」這句

話，就表示小孩子現在的成績與期望有落差，並且認為它是個問題。

不管從哪個例子來看，**問題的本質都是所期待的狀況與現狀之間的乖離**。只要這個「乖離」越大，問題的強度也就越大。所謂「很大的問題」，是指現狀與期待狀態之間的差距太大。

問題的本質，就是期待狀況與現狀之間存在著鴻溝、差距、乖離，但如果我們的表達就此打住，會讓人不知所云，因為這樣的表現過於曖昧籠統。在實際解決問題時，我們不能過於草率，必須進一步做深度考察。

稍後我會介紹「高杉法」法，縮寫為ＴＨ法，是筆者設計出來的解決問題分析架構，可以用來將問題類型化，並藉此有效率的發現問題及設定課題），從高杉法的觀點來看，「乖離」大致上可以分為三種「不良狀態」。換句話說，問題可以分成三種。

■問題分三種：「恢復原狀」、「防杜潛在」、「追求理想」

在高杉法中，依照「乖離」的發生時機以及我們的期望，問題可以分成三種類型：**恢復原狀型、防杜潛在型、追求理想型**（下頁圖表4-1）。

Ⅰ、恢復原狀型問題

圖表4-1 高杉法的問題類型和解決內容

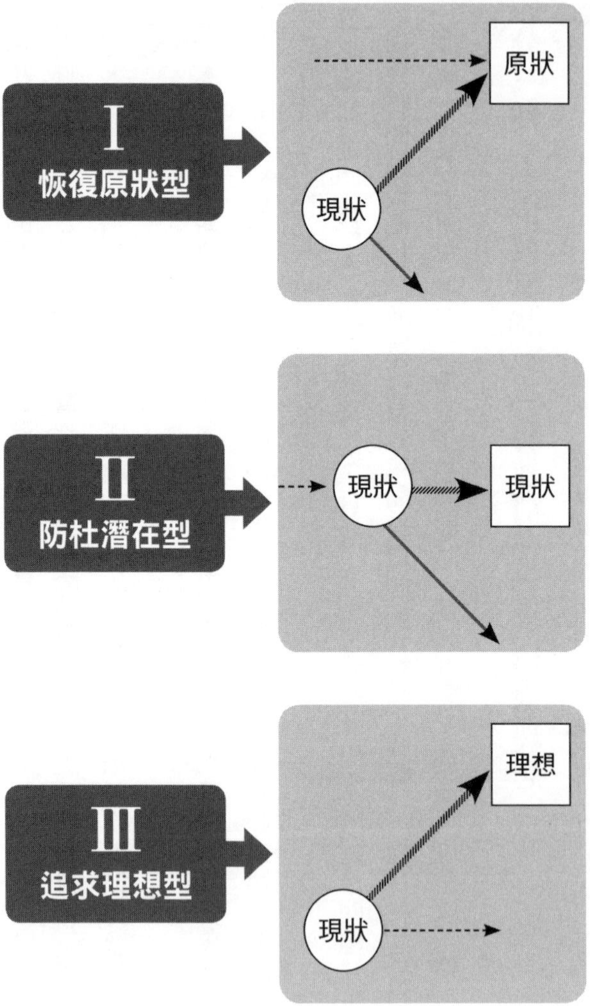

不良狀態已經浮現。

解決方法為恢復原狀。

如果放置不管就會發生不良狀態。

解決方法就是維持現狀＝防止惡化。

現狀沒什麼大礙，問題就出在我們要追求理想。

解決方法就是付出努力以達成理想狀態。

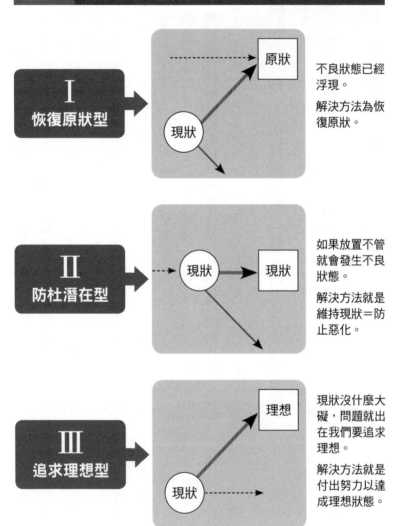

恢復原狀型問題的狀況是：當下不良狀態非常明顯。因此，解決之道是恢復原狀，只要恢復成原來的狀態，就能弭平鴻溝、解決問題。簡言之，這類問題是指將已損壞的事物修理好的問題。以下的例子，全都是以解決恢復原狀型問題為目標，例如：

「想將跌落谷底的營業額，恢復到原來的水準。」

「想修好破掉的輪胎。」

「想治好感冒。」

Ⅱ、防杜潛在型問題

防杜潛在型問題的狀況是：現在沒有大礙，但**未來將發生不良狀態**的問題。解決之道是預防不良狀態的發生，也就是維持現狀。這類問題，是指雖然當下沒有出現鴻溝，但如果放任不管，未來會產生不良結果的問題，可說是有如一顆定時炸彈。解決這類問題的重點在於，如何在爆炸前拆除引線。

以下例子都是以解決防杜潛在型問題為目標，例如：

「預期將面臨資金窘境，該如何度過年終。」

「機材老舊令人擔心，該如何維持運轉率。」

「流感的問題令人擔憂，該如何防止感染。」

Ⅲ、追求理想型問題

追求理想型問題的狀況是：當下並無大礙，即使放置不管，也不會發生不良狀態，但是**期望現狀能夠往更好的方向發展**；解決之道就是實現理想。追求理想型問題，是指缺乏緊急性，容易被延後處理的問題。

以下的例子，全部都是希望解決追求理想型問題，例如：

「該怎麼做才能讓本公司成長。」

「雖然沒有生病，但該怎麼做才能更健康。」

「雖然現在車子沒有故障，但我想換一輛更高級的新車。」

■一個問題，總會涵蓋好幾種類型

然而，高杉法劃分的「恢復原狀型」、「防杜潛在型」、「追求理想型」這三種問題，只不過是基本類型而已。**實際上，在大多數的情況下，數種類型的問題會同時存**

在，並且互相關聯。

例如，某件事發生不理想的狀況時，一開始我們會想要復原，即屬於恢復原狀型問題。可是，光是恢復原來的水準還不夠，到頭來都是為了追求更好的改善和改良，所以問題最終仍然會發展成追求理想型問題。

同樣的，從防杜潛在型問題開始著手，是為了預防不良狀態的發生。畢竟，只是預防不良狀態的發生、維持現狀仍嫌不足，因此目標會逐漸朝向追求理想型問題發展。

相反的，在解決追求理想型問題的過程中，常會發生恢復原狀型問題和防杜潛在型問題。例如，大膽追求成長的新創企業著眼於更進一步的成長，除了增加自家重要零件的生產，還對外發包。可是沒多久，外包的公司竟然倒閉了，於是在追求理想的過程中，發生了恢復原狀型問題。如果在外包的公司倒閉之前，該新創企業就先注意這一點，那就成為防杜潛在型問題。

分析問題的時候，經常是同時存在好幾種問題類型，並且相互關聯。因此，實際上「問題」的樣貌非常複雜。為了解析、闡明問題的複雜度，運用這三種類型來分析（區分問題的種類與嚴重程度），相信對你會有很大的幫助。

展開故事前，要先意識到問題類型

除了會議紀錄以外，商業文書都是為了處理某種問題，並且尋求解決。如果我們的**目標，是展開一個簡明易懂的故事，那麼首要之務是明確區分問題的種類**。清楚認定問題的種類，故事的結構就顯而易見，同時也促進了接受者的理解。首先，一開始就將以下三點作為文書的主軸：

① 將已經損壞的事物復原。（恢復原狀型問題）
② 某事物放著不管便會損壞，所以必須預先防止。（防杜潛在型問題）
③ 情況並不會變糟，不過想變得更好。（追求理想型問題）

如前所述，**數種類型的問題多半是並存，而且相互關聯。但是，我們要先確立核心的問題類型**，之後再附加其他的問題類型即可。

當我在指導學員做簡報和製作文書時，經常感受到一份文書的故事之所以難懂，多半是因為作者沒有明確意識到：「我正在處理的這個問題，是屬於哪一種類型？」故事的作者如果無法確定問題的類型，意味著並不了解故事中的主角所求為何。

很遺憾的，我經歷的許多案例顯示，甚至連日本代表性企業的主管，可能都無法明確掌握自己正在處理的問題類型，他們製作的簡報、寫出來的文書，經常難以理解，讓人有「不懂他到底想說什麼」的感覺。

■解決「對方面臨的問題」的語氣，才是好提案

最具代表性的商業文書，是促使對方行動的提案型文書。這類文書的最終訊息，最好是規範訊息：「應該……」。

當我們在製作提案型的簡報或文書時，很重要的一點，是**將提案定位成對方面臨問題時的解決策略**。如果不這麼做，你的提案對於聽取簡報的人而言，只是雜音而已。要是提案能讓對方覺得是重要問題的解決策略，一定會引起他的興趣。

我這裡說的對方，意指讀者、聽眾等資訊的接收者。假設你對公司高層做簡報，這時候對方的問題等於自己的問題，也就是我們的問題。但如果是客戶的問題，報告當中即使不用到「我們」這個字眼，你還是要設身處地為對方著想。

不管是對內還是對外做報告，最重要的是解決對方的問題，我們的提案必須聚焦於解決策略。儘管有些情況是例外，必須強調自己想解決的問題，像是請願書，但是無論如何，最好還是避免將提案定位成只是在解決自己的問題（就算是自己的問題，在提案時也要讓對方覺得跟他有關）。

■釐清問題類型，做出切題提案

提案，也就是解決策略的定位，是由**核心問題的類型**所決定。

假設對方的問題是要復原已損壞的東西，也就是恢復原狀型問題，那麼你的提案內容就是恢復原狀所應該做的根本處置。如果不良狀態非但存在，還不斷持續惡化，提案就會變成了緊急處置。如果是為了解決重複發生的不良狀況，提案就可能變成了防止復發的策略。

另外，如果對方的問題為防杜潛在型問題，也就是放置不管便會產生不良影響，那麼你的提案就是日後避免不良狀態發生的預防策略。構思一個完美的預防策略是非常困難的，所以當製作這類問題的提案時，多半會一併考慮問題發生時的因應策略。

還有一種情況是：假設對方的問題為追求理想型問題，也就是目前沒有大礙，只想變得更好，這時候你的提案就是實現理想的策略。如果對方還不清楚自己心中的理想是什麼，那麼你雖然不需要建議具體行動，但提案的內容應該是告訴對方，如何選定合適的理想。

■別讓恢復原狀成了找代罪羔羊，追求理想吧

其實，即便同一個現象，與其把它當作恢復原狀型問題進行分析，還不如從追求理

想型的角度來處理，在應對上會顯得比較積極。其原因在於，假如你用恢復原狀型的想法來分析問題，很容易將意識集中在「為什麼會損壞？」，也就是找出原因上頭。特別是在較大的組織當中更是如此，很多時候，大家都把精力放在追究「這是誰的錯？」這個問題上。

相較之下，如果用追求理想型的想法來分析，大家的意識就容易集中在「該如何修復」，而不是問為什麼損壞。**如果不執著於追問東西損壞是誰的責任，那麼整個組織便能更積極的處理事情**。

■你追求的理想，可能是我要防杜的潛在問題

然而，即便是同樣的現象，問題屬於哪一種類型，也會隨著當事者的立場而改變。例如，某企業追求公司成長而開發新商品。該企業思考的是開發新商品之後如何銷售，這時候經營團隊的觀點會把它視為追求理想型問題。

但是，從銷售負責人的立場來看，萬一新開發的商品賣得不好就糟了，更何況還不知道新商品是否適合沿用目前的銷售模式。這時候對當事者而言，問題變成了「將來或許會發生不良狀態」的防杜潛在型問題。

所以，我們在**設定核心問題時，最好是站在對方的立場來思考**，如此一來，才能設

計出與對方頻率相同的文書。誠如前面所述，將焦點放在對方認為重要的問題上，提案的效果才得以彰顯。

二、設定具體的課題（問題的背後，所要解決的課題是什麼）

■不是所有的商業書寫都是「提案型」

到目前為止的說明，我都把商業文書設定為提案型。依照問題的類型，提案可以分為以下七種：

恢復原狀型問題↓根本處置、緊急處置、防止復發策略。（三種提案）
防杜潛在型問題↓預防策略、發生時的因應策略。（兩種提案）
追求理想型問題↓選定理想，或是實施策略。（兩種提案）

可是，商業文書還有很大比例，是涉及提案以外的各項課題。例如，當你被指派製作會議紀錄時，你不會將會議紀錄設計成解決問題的故事展開型態。會議紀錄與提案

（提出解決問題的方案）不同，是以記述訊息為主。

不只是會議紀錄，即便是解決問題的文書，也不一定都是提案型。假設我們正在處理恢復原狀型問題，你可能需要一份以「掌握狀況」為課題的文書；而在另一份文書中，你的主要課題可能變成「分析原因」。又或者，你必須在文書中指出表象問題後面的潛在問題，這時候你的課題就不是解決問題，而是指出真正的問題是什麼。

■立刻掌握課題範圍，你如何辦到？

你的商業文書應該設定什麼樣的課題，必須視情況而定。在你確定了問題類型之後，重要課題的範圍也就自動鎖定完畢。若以金字塔結構來說明，就是**先決定主要主題的問題類型，然後關鍵主題的課題範圍就自然被限定了**。接下來，再從中選出目前最重要的主題即可（下頁圖表4-2）。

在解決問題的過程中，經常被提出的重要步驟為「發現問題」與「設定課題」。如果我們沒有發現問題，解決的過程根本無從開始。而若是沒設定具體的課題，就找不到解決的方向。

所謂「發現問題」，就是指設定問題的類型是恢復原狀、防杜潛在，還是追求理想？而所謂「設定課題」，則是指選定「課題範圍」。接下來，我將解說這個部分。

圖表4-2　高杉法：問題的類型不同，對應的課題領域也不同

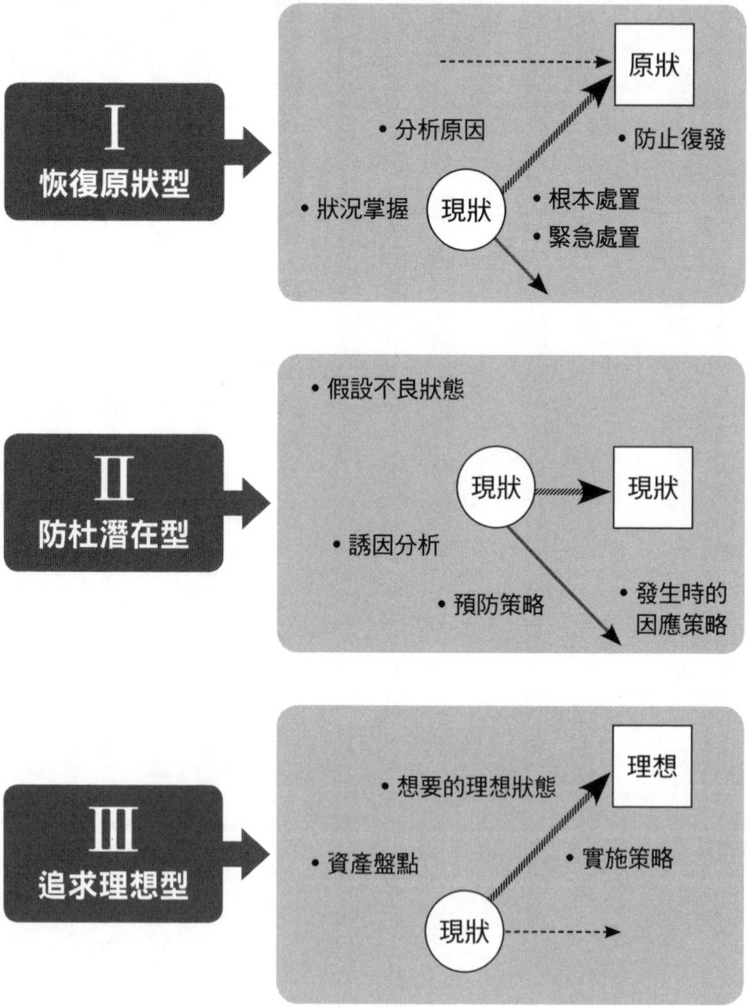

只要你意識到高杉法的圖表，也就是確定問題是哪一種類型，知道應解決課題的範圍，你就能夠大幅提升發現問題和設定課題的效率。

一旦確定了核心問題的類型，並將課題範圍依照順序排列，反映在文書設計上，你就可以進行簡明易懂的故事展開（對方一下子就明白你看出問題是什麼，也知道你提出什麼解決方案）。

■針對「恢復原狀」，你的核心課題是「掌握狀況」

「恢復原狀」即是將損壞的東西，恢復原來的狀態。如果解決恢復原狀型問題是主要主題，那麼需要處理的課題範圍，也就是關鍵主題，便如以下所示：

掌握狀況↓是怎麼損壞的？
緊急處置↓如何防止狀況惡化？
分析原因↓為什麼會壞掉？
根本處置↓知道原因後，如何做才能復原？
防止復發↓應該怎麼做，以後才不會又損壞？

恢復原狀型問題的核心課題範圍是「掌握狀況」，之後是「分析原因」和「根本處置」，然而這些都只是一般情況。在某些情況下，必須讓其他的關鍵主題先實行，也就是思考如何先做「緊急處置」，以防止狀況繼續惡化。

■「防杜潛在」時，你的核心課題是「誘因分析」和「預防策略」

「防杜潛在」就是目前沒有明顯的問題，但放任不管的話，事情會變得很糟糕。如果解決防杜潛在型問題是主要主題，那麼需要處理的課題範圍，也就是關鍵主題，便如以下所示：

假設不良狀態↓不希望事物以何種方式損壞。

誘因分析↓何種誘因導致損壞。

預防策略↓如何防止不良狀態發生。

發生時的因應策略↓發生時，如何將不良的程度降到最低。

在思考防杜潛在型問題的解決課題範圍時，**經常會將預防策略與發生時的因應策略混為一談**。預防策略的目的，是降低不良狀態的發生機率，而發生時的因應策略，則是為了將已經產生的傷害減至最低。

例如，天空看起來快下雨了，為了不被淋濕，因此帶傘出門，這是預防策略。另外，為了怕被淋濕，因此帶著替換的衣物，這是發生時的因應策略。由於很難想出完美的預防策略，所以思考問題發生時的因應策略非常重要。

■「追求理想」時，你的核心課題是「選定你的理想」和「實施策略」

「追求理想」，是指某事物未來不會發展成不良狀態，但仍想改善現狀。如果解決追求理想型問題是主要主題，那麼關鍵主題的涵蓋範圍，即如以下所示：

資產盤點↓自己的強項和弱項為何？
選定理想↓依實力決定目標。
實施策略↓決定達成目標的順序。

三、確定課題之後，要列舉替代方案

■三類型問題，各有對應的替代方案

解決問題，最終企求的就是實施解決策略，以弭平現狀與期待之間的乖離。在你決定採取哪個解決方案以前，最重要的是仔細斟酌，先列出具有潛力的**替代方案**，這是解決問題的重要步驟之一。

如果情況是要將損壞的東西復原，也就是恢復原狀型問題，那麼替代方案的課題範圍，就會涵蓋了緊急處置、根本處置以及防止復發策略。

確實，在恢復原狀型問題要處理的五種課題當中，分析原因會不禁讓人冒出疑問：「真正的原因是A、B或C？」可是，這些都不能叫做替代方案。其原因在於，分析原因時，問題發生的可能原因並不是你選出來的，而是經由分析之後才顯現的。既然稱為替代方案，就代表你選擇的是可以當作解決策略的行動。

如果情況是要維持現狀，也就是防杜潛在型問題，那麼預防策略和發生時的因應策略皆有可能成為替代方案。

假如情況是追求狀況改善，也就是追求理想型問題，那麼「實施策略」中便會產生出許多替代方案。雖然選定理想的解決策略不具行動性，但可以產生替代方案，因為選定理想就是從許多方案當中選擇一個。

■構思替代方案時可採用腦力激盪法

「腦力激盪」在構思替代方案時非常有效。一九三九年，美國的亞歷克斯・奧斯本（Alex Osborn）提倡這個方法，專門用於激發出團體的創意。為了讓各方自由的提出意見，腦力激盪法有以下四個基本規則：

一、不能批評別人的想法。
二、盡量提出大量的想法。
三、歡迎自由奔放的發言。
四、發展別人的想法。

其中最重要的規則是，不能隨便批評別人的想法。從頭到尾都不要進行評論，只管提出想法，重點在於**清楚的區分發想的選取與評價的程序**。所以，在腦力激盪時，絕對不能說出以下這些話：「不可能那麼順利啦」、「太不切實際了」、「成本太高了」、「太難了」、「無聊」等。想要讓大家毫無顧忌的提出意見，營造出輕鬆自由的氛圍是很重要的。

為了盡可能網羅所有選取到的替代方案，腦力激盪是一種有效的手段。但是，在設計提案書時，我們不必羅列經由腦力激盪所選取到的原始意見，也不應該這麼做。原因在於，說明者介紹過多的提案，只會讓對方產生混淆，而且就連他自己也容易產生混淆。所以，大概提出三個切合實際的提案即可。接下來我將說明替代方案的提出方式。

四、評價各替代方案

■根據必要項目和優先項目來評價

選出幾個替代方案之後，接下來的步驟是評價這些方案，也就是評估各方案的利弊得失。在評價階段，最重要的是確切的評價項目和評價基準。就如同評價訊息的論證，評價替代方案時，要根據評價項目和評價基準，對替代方案進行評價。如果弄錯步驟，就很難選出最佳的解決策略。

在列舉評價項目時，**最好把其中的必要項目與優先項目分開，分別評價替代方案**。

所謂「必要項目」，如同字面上的意思，是解決方案當中不可或缺的項目，如果一個提案沒有涵蓋必要項目，那麼你不必考慮其他項目，就可以直接剔除（例如，身高一百六十五公分是空服員的必要項目，沒有一百六十五公分高的人就一律淘汰，其他項目都不必再看了）。另外，雖然優先項目並非一定得要具備，不過有的話最好。

列舉必要項目時，最重要是確認依據必要項目所提出的解決策略，是否真的能夠解決問題。當然，早在選定替代方案的階段，就是因為已經判斷它能夠解決問題，所以才選出這個提案。即便如此，在評價階段，最好還是再確認一次，以免等到投入龐大的成本之後，才發現必要項目其實並非解決問題的關鍵。

■替代方案不能只評估好處，風險也要評估

在評價替代方案之際，也就是在我們選擇行動時，要一併考慮伴隨而來的不確定性與風險，才是聰明的做法。雖然風險有大有小，但是要記得所有的行動都帶有風險。

有的風險可能是為了將提案付諸實現，所進行巨額的資金調度；有的風險則是提案有可能無法順利推動，而且就算順利進行，也很難確保沒有副作用。既然提案一定帶有風險，那麼當我們評價替代方案時，不能只評估它的好處，也要評估風險。

五、實施解決策略

■問題如果簡單，公司就不需要你了

不論你訂定多麼優秀的解決策略，只要沒有實際行動，就不可能產生預期的效果。不論是恢復原狀型問題的根本處置，還是潛在型問題的預防策略，如果沒有付諸實施的解決策略，都只是畫餅充飢。因此，實施解決策略，也是解決問題的重要步驟之一。

阻礙解決策略有效執行的因素有很多，下面舉出幾個最具代表性的因素：

「執行團隊有策略但沒有方向，沒有具體的實施計畫。」
「執行團隊不理解這個解決策略。」
「執行團隊原本就不具備實施能力。」
「執行團隊沒有實行意願。」

■不管什麼策略，實行不外乎五步驟

想要避免前述幾種執行上的障礙，最好仔細思考以下的實行步驟。假使同時有多個實施方案，大家可以套用前述評價替代方案的要領來做評價。一般而言，策略的實行步驟有五項：

一、**訂定實施的終止期限**：即使具有監控和調整方向的機制，還是一定要記得設定解決策略的完成期限。

二、**選定實施項目**：要清楚實施解決策略時的必要條件是什麼。此時，可以運用腦力激盪法。

三、**習得知識或技能**：了解需要學習什麼樣的必要知識和技能，才得以完成實施策略的工作。

四、**製作實施工程表**：從終止期限逆推回去，把各個實施項目的相互關係呈現出來，同時列出相關人員學習知識和技能的工程表。

五、**修正期限以及開始行動**：根據步驟四的作業結果，修正預定終止期限，然後開始行動。

依據以上的實行步驟，可以排除許多實施解決策略時的阻礙。只是，步驟三的習得知識或技能，或許不能盡如人意。如果執行團隊的能力不足、沒時間習得必要的知識與技能，那麼就只得配合他們的執行能力，修正解決策略，才是聰明的做法。

即便解決策略再怎麼完美，假如實施的比率過低，效果也必定不好。即使是滿分的實施方案，如果只做到兩成，效果也只有二十分。所以，我們必須衡量執行團隊的能力，把實施方案的滿分降到七十分，如果實施了九成，那麼效果就有六十三分，實質上增加了四十三分。就現實層面來說，**與其追求完美的解決策略，倒不如把目標放在實質的效果**。

■動腦的別忘了和動手的溝通

前面提到，阻礙解決策略有效實施的最後一個因素，是「執行團隊沒有實行意願」。為了排除這項阻礙因素，決策者與執行團隊必須充分溝通。執行團隊並沒有參與決策過程，所以有時候會沒有實施動機。

所以，即使執行團隊沒有參與決策過程，決策者也要清楚交代這些決策是怎麼來的，以提升執行團隊的實行意願。此外，關於策略的目的以及進度的評價基準，決策者也應該與執行團隊密切溝通。

■懂得發現問題和設定課題，你的能力立刻變強

到目前為止，我們學習了解決問題的五個步驟。尤其是高杉法特有的兩個步驟：問

題類型化以及課題範圍的設定，對於提高解決問題的效率非常有用。為了讓讀者了解這兩個步驟實際應用在營業活動上的情況，接下來我介紹三個案例給大家做參考。

事例一：高級化妝品美容部人員的案例

Ａ小姐是某著名化妝品公司的美容部人員，在某知名百貨的化妝品專櫃，負責提供諮詢及販售的服務。有一天，一位中年女性來到專櫃，想要處理臉上的斑點。Ａ小姐為那位女性做完皮膚診斷之後，立刻慎重推薦了根本處置的去斑美白化妝品，以及防止復發的ＵＶ護理產品。可是，這名女性似乎意興闌珊。最後才知道，原來她隔天有同學會，想要馬上就可以遮住斑點的東西。

Ａ小姐說，如果能先理解問題類型，掌握重要課題的分析架構，應該可以更快、更有效率的完成服務工作。也就是說，Ａ小姐認為問題類型是恢復原狀，但那名女性關心的卻是緊急處置。從一開始，Ａ小姐就認定，問題集中在根本處置和防止復發。比較有效率、有效果的服務方式，應該是先介紹顧客想要遮住斑點的化妝品，再推薦去斑和ＵＶ防護商品。

事例二：內視鏡營業員的案例

B先生是某光學儀器廠商的內視鏡設備營業人員。由於販售的是醫療器材，因此使用者幾乎都是醫師。有一次，某位醫師客戶的內視鏡發生問題，B先生趕緊出門，要向這位客戶說明情況並更換零件。B先生心想一定得好好解釋才行，所以花了相當多的時間去說明發生問題的原因。然而，醫師已經快要忙翻了，因此聽得有些不耐煩。B先生看到客戶的反應，趕緊結束說明。

B先生說，如果我事先學好問題類型和設定課題的分析架構，就能夠了解，醫師客戶關心的課題是恢復原狀型問題的因應策略，特別是防止復發的策略。B先生表示，打算今後把這套分析架構，運用在其他的營業活動上。

事例三：負責法人顧客的大型銀行人員案例

C先生是業務員，在某大型銀行的投資部門負責法人顧客。負責的顧客是股票非上市、未上市的中型企業。業務內容除了融資，還包括經營諮詢。C先生心想：「應該要跟客戶談論積極的內容。」於是，他花了一些時間向某位客戶介紹幾家併購標的，說明透過企業併購可以提升營業額，促進公司更進一步成長。雖然對方願意聽他說明，態度卻顯得猶豫不決。C先生心想這樣下去不會有結果，於是改變策略，開始介紹可以避免成本擴大的併購案，據說對方非常感興趣。

C先生說：「以問題類型和設定課題的分析架構來說，比起追求理想，客戶對於防杜潛在的問題更有興趣。」他表示：「如果一開始就想清楚問題類型，再來服務客戶，應該能夠更快提出對方感興趣的提案。」

你可以自己演練

問題一：發現問題和設定課題

下面的提議，應該歸於哪一種問題類型中的哪一種課題領域？不必考慮提議的內容是否妥當。請判定下面例題的問題類型和課題領域。

例題

對象：繼承家業的第二代年輕經營者。

狀況：這個品牌與地區生活緊密相連，營業額很穩定。即使維持現狀，經營上也不會有顯著的困難。

發現問題：但是，身為第二代經營者，他希望可以更進一步發展。

設定課題：應該追求的理想目標為何？

提議：在堅持地方品牌風格的同時，應該以成為全國品牌為目標。

解答範例：針對追求理想型問題的選定理想課題，所做的回答。

①

對象：網路購物公司的員工。

狀況：穩定發展的網路購物公司，營業額持續提升。

發現問題：但是，如果照這樣持續擴大顧客層，現有的系統將無法負荷。

設定課題：如果現有的系統當機，應該如何處置？

提議：立即停止新顧客登錄，並且，將無法應付的部分外包給資料管理公司。

解答：針對＿＿＿＿型問題的＿＿＿＿課題，所做的回答。

②

對象：身負Ｐ／Ｌ責任的廠長。

（所謂Ｐ／Ｌ，是指「損益表」〔Profit and loss statement〕。有些人將它解釋為「產品責任」〔Product Liability〕。在此這兩個意思都通。）

狀況：製造成本逐年增加。

發現問題：現在面臨必須降低製造成本的情況。

設定課題：為什麼製造成本會增加？

提議：由於資深員工紛紛退休，產品的良率降低。

解答：針對＿＿＿＿型問題的＿＿＿＿課題，所做的回答。

③

對象：科技新創企業的社長。

狀況：這幾年都持續成長。

發現問題：為了實現進一步的成長，必須併購其他的公司。

設定課題：應該採取何種併購手法？

提議：應該與投資基金合作，同時採取敵對性融資併購（Leveraged Buy-Out，LBO）的手法。

解答：針對＿＿＿＿型問題的＿＿＿＿課題，所做的回答。

④

這次我被派到非洲某個國家出差。（a）我準備了值得信賴的醫療機構的資料，萬一身體不適，可以立即就醫。當然，我還帶了許多特效藥。（b）尤其是瘧疾、狂犬病、黃熱病等，真的很可怕。（c）我已經注射預防針，還準備了蚊香和殺蟲劑。（d）最好不要靠近狗，注意不要受傷，要避免喝生水、吃生食。

（e）瘧疾和黃熱病都是經由蚊子而感染，破傷風是因為有傷口，狂犬病則是因為被狗或小動物咬傷所造成的。而其他的疾病，都是經由飲水或食物而感染。

問題類型：＿＿＿＿型問題

課題領域：

a ＿＿＿＿　b ＿＿＿＿

c ＿＿＿＿　d ＿＿＿＿

e ＿＿＿＿

解答與說明

問題一：發現問題和設定課題

①

解答：針對防杜潛在型問題的發生時的因應策略課題，所做的回答。

狀況：穩定發展的網路購物公司，營業額持續提升。

發現問題：但是，如果照這樣持續擴大顧客層，現有的系統將無法負荷。

↓目前還不會發生不良狀況。但是，如果放置不管，發生不良的可能性很高，因此是防杜潛在型問題。

設定課題：如果現有的系統當機，應該如何處置？

↓因為這是因應實際發生系統當掉時的處置對策，所以是問題發生時的因應策略。很重要的是，不要跟預防策略弄混了。如果是預防策略，課題設定應該變成「為了不讓系統當機，應該如何處置？」。

②

解答：針對恢復原狀型問題的分析原因課題，所做的回答。

對象：身負P／L責任的廠長

發現問題：現在面臨必須降低製造成本的情況。

↓因為可以解釋為不良狀態浮現，所以是恢復原狀型問題。

設定課題：為什麼成本會增加？

↓因為追究根本原因，所以是誘因分析的課題。

③

解答：針對追求理想型問題的實施策略課題，所做的回答。

發現問題：為了實現進一步的成長，必須併購其他公司。

↓因為追求進一步的成長，所以是追求理想型問題。另外，這裡還包含了面對併購其他公司的選定理想課題。

設定課題：應該採取何種併購手法？

↓追求併購其他公司的理想時，必須處理實施策略的課題。

④

問題類型：防杜潛在型問題

課題範圍：

a、發生時的因應策略（關鍵是「特效藥」）

b、假設不良狀況

c、預防策略

d、預防策略（和c一樣，嘗試降低不良狀況發生的機率）

e、誘因分析

第5章

有說服力的故事，如何展開

你會說「商業用」的故事嗎？

- 故事的本質
- 用SCQOR鋪陳
- 一、設定狀況
- 二、發現問題
- 三、設定課題
- 四、克服障礙、解決收尾
- 故事的核心部分如何展開？
- SCQOR的實例

在第五章中，我們將以第四章的問題類型及其個別課題範圍的知識為基礎，來學習製作文書時如何有結構的展開故事。具體而言，我們將學到適用於解決各種類型問題的故事展開法，也就是將SCQOR故事展開法，應用於問題解決過程。換句話說，學會如何敘述一則解決問題的故事。

故事的本質

■有邏輯的故事，就是金字塔結構中的「關鍵層級」流程環環相扣

在展現邏輯表現力的商業寫作中，設計文書時要非常注意「故事展開」。其實，故事展開包含了內容的面向與結構的面向。雖然每份文書的內容，包括主題、時代、當事者等，往往千差萬別，但是在結構上多半都擁有共同的面向。所謂「結構性的故事展開」，是指文書整體大方向的發展。

從金字塔結構來說，我們要探討的是：在主要主題之下，支撐著文書的各個關鍵主題之間存在何種關聯性？我們最終都要將訊息（句子）填入主題，這時候關鍵訊息之間會產生什麼樣的關係，並朝向主要訊息來發展？換句話說，**金字塔結構中，關鍵主題這**

圖表5-1 故事的整體面貌

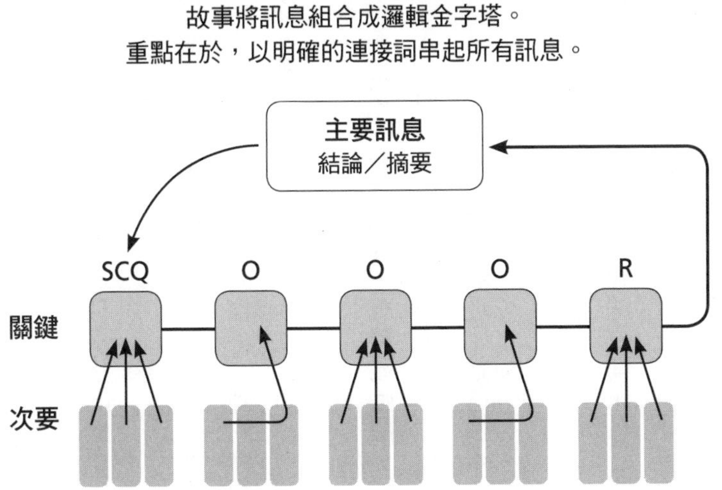

故事將訊息組合成邏輯金字塔。
重點在於，以明確的連接詞串起所有訊息。

個層級的發展流程，就是一種結構性的故事展開（圖表5-1）。

在這裡，我想從結構上（而非情節內容）來分析故事的展開，並強調故事展開，就是各個關鍵主題之間的關聯性所在。

■連接詞，將你的故事情節變緊湊精采

為什麼我們必須重視故事的展開？原因在於，即使個別的訊息看起來很有邏輯，也很明瞭，但是只要這些訊息之間的相互關係不清不楚，接收者的吸收就極為有限。這時候，**即使你塞再多片段的資訊給對方，也很難讓他完全了解**。例如：

「A公司的經營團隊，終於開始重視精神衛生了。」
「A公司的平均加班時間，並不比其他同業來得長。」
「A公司的員工發生心理不適的機率，是業界的三倍。」

即使你傳達出這些訊息，對方也確實理解個別訊息的內容，但光是如此，恐怕對方根本摸不著頭緒，於是會問你：「到底你想表達什麼？」如果你可以清楚寫出訊息之間的關係。例如：

「A公司的經營團隊，終於開始關心精神衛生了。」**因為**
「A公司的平均加班時間，並不比其他同業來得長。」**不過**
「A公司的員工發生心理不適的機率，是業界的三倍。」**因此**

這樣的表現，比較能夠穩定接收者的心理。說得極端一點，即使接收者不太理解個別訊息的內容，只要能夠理解每則訊息之間的相互關係，也能讓他覺得安心。例如，即使A和B的訊息很難理解，但是你只要傳達給對方「A為B的原因，B為A的結果」，他心中自然會產生一定的安定感。也就是說，明瞭的故事展開可以促進理解。當然，最好還是內容和關係兩者，都能清楚的傳達給接受者。

說到這裡，我想很多讀者應該已經發現，所謂的關係或是關聯性，不就是在第二章曾介紹過的「邏輯連接詞」嗎？沒錯。邏輯連接詞就是清楚表現出訊息關聯性的記號。

所謂「故事展開」，是指金字塔結構最重要的關鍵層級中，邏輯連接詞如何串連訊息。當然，關鍵層級之下的次要層級，或次次要層級，也有故事展開。如果以電影或戲劇來比喻，關鍵層級的故事展開就是「幕」，像是第一幕、第二幕，而次要層級為「景」，次次要層級則對應為「段」。

主要主題也是如此，幾個主要主題可以串成一個故事展開。像是電影《星際大戰》（*Star Wars*）分為舊三部曲和新三部曲，而這六部曲又共同建構出一個更浩大的故事。

接下來，我們要從結構的角度來學習故事展開。

用SCQOR鋪陳

■故事展開的基本流程為S→C→Q→O→R

要將故事做結構上的開展，SCQOR是一個有效的架構（見二四〇頁圖表5-2）。

如果在設計文書時，能將展開故事的架構和前面學過解決問題的架構一起合併使用，效果會非常好（見二四一頁圖表5-3）。

所謂「SCQOR」，為以下各個項目頭一個字母的縮寫（編按：為了便於閱讀，讀者可以將它唸成諧音「思擴」）：

S：Situation（設定狀況）。
C：Complication（發現問題）。
Q：Question（設定課題）。
O：Obstacle（克服障礙）。
R：Resolution（解決、收尾）。

如果將「SCQOR」概略的做區分，SCQ為故事的導入，O為故事的中心，R則是故事的結果。一般來說，故事的導入和結果的內容比較少，故事的中心內容分量則是最多。

以大家熟知的「起、承、轉、合」架構來做對照，感覺上，SCQ為「起」，O為「承、轉、承、轉、承、轉」，R為「合」。另外，以「導入、展開、收尾」來做對應，SCQ為「導入」，O為「展開」，R為「收尾」。

首先，我們分析一篇比較簡短、以SCQOR（思擴）結構來展開故事的例子。

> A小姐長年任職於某成衣大廠東京總公司的財務部門。某日，上司試探她是否願意轉調地方分公司的業務部門，A小姐被迫面臨做出是否願意轉調的決定。她多方考慮今後的職涯規畫與家庭的狀況，最後決定轉調。

開頭的「A小姐長年任職於某成衣大廠東京總公司的財務部門」就是S（設定狀況），這裡除了介紹故事主角，並表現出她目前穩定的狀況。

接著的「某日，上司試探她是否願意轉調地方分公司的業務部門」，就是C（發生問題），顛覆了目前穩定的狀況。這時候，職位對A小姐來說沒有不良的感覺，如果她把上司的試探當成一次機會，這就是一個追求理想型的問題。

接下來，「A小姐被迫面臨做出是否願意轉調的決定」是Q（設定課題）。假設，A小姐認為到地方分公司累積業務經驗，是達成自己職涯目標的必經之路，這就是一個實施策略的課題。

然後，「A小姐多方考慮今後的職涯規畫與家庭的狀況」是O（克服障礙）。這裡

圖表5-2 S—C—Q—O—R

Situation（設定狀況）	介紹主角，不管好壞，都要先寫出目前穩定的狀態。	故事的導入。讀者（聽眾）擁有共同經驗時，可以縮短。
Complication（發現問題）	將失去穩定的混亂描寫出來，確定問題類型。	
Question（設定課題）	針對這個問題，確認對主角而言重要的課題是什麼。	
Obstacle（克服障礙）	描寫替代方案的立案，或是實施等課題解決的過程，並描繪如何克服困難。	故事的核心。在整個故事中，這個部分最長。
Resolution（解決、收尾）	將克服困難而達成的提案，定位為課題解答。	故事的收尾。多半簡短。

圖表5-3 故事展開過程與解決問題過程的比較對應

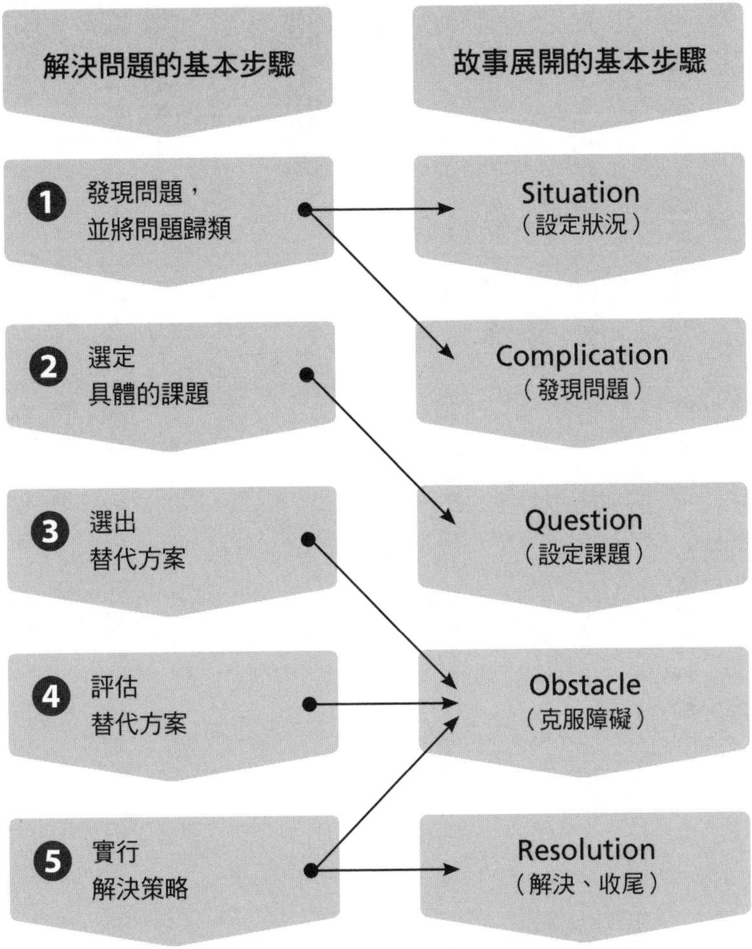

這個圖表所設定的流程，至實行解決策略為止。視設定課題領域的方式（Q 的設定）而定，有時也有可能不會產生替代方案和解決策略。

為了縮短故事，只好提高抽象度，約略帶過情節，否則你可以更具體的描寫A小姐內心的掙扎。心裡頭種種「克服障礙」的情節，便是故事的核心。

結果，「最後決定轉調」為R（解決、收尾）。接收者會想知道接下來的發展，但那是故事的續集了。

一、設定狀況

■先介紹主角

現在大家對「SCQOR」（思擴）型的故事展開步驟，應該有初步的了解。接下來，我們再更深入的分析各項要素。

首先是S（設定狀況）。傳遞者（也就是你）要先介紹故事的主角，同時要讓訊息接收者知道，主角**目前處於穩定的狀態**。主角可以是人，也可以是非人，可以用公司或某事業部門或某部署等來表現，也可以是業界或是地區。然而，其要件是，**主角即使是非人，也必須擁有某種意志或願望，或者是可以採取某種行動的主體**。

主角不是人類的例子不勝枚舉：夏目漱石的著作《我是貓》的主角為貓、迪士尼的米老鼠是老鼠；《湯瑪士火車》的主角是火車。向法人顧客提出提案書，裡面的主角應該是對方的企業。在大多數的情況下，商務人士會把對方的企業當作主角。

■然後敘述持續至今的穩定狀況，不管此狀況好壞

在S的階段，除了介紹主角之外，還必須依照時間順序描述狀況，這是S階段最核心的主題。**所謂「狀況」，是指不管好壞，到目前為止持續發生的穩定狀態。**換句話說，像是「持續好的狀態」、「持續不好的狀態」，或者「沒有發生任何事，只是時間流逝」都可以。甚至，「持續不穩定的狀態」也可以，因為這句話的內容有連貫性，就是狀態持續不穩定。為了讓讀者思考S所指為何，我舉一個例子：

（S）DIY公司是一家與社區生活緊密相連的DIY用品零售商，在東京衛星都市的新興住宅區擁有九家同類型的店鋪。這家公司是未上市的家族企業，近幾年的年成長率都達到二〇%。公司所有人T氏推動一項政策，獲得極高的評價，那就是員工為來店顧客進行簡潔易懂的銷售說明。公司的商業模式是：向製造商大量採購產品、壓低進貨價格，藉此將零售價格設定在低價位。

這個例子，大體上表現出到目前為止主角持續穩定的良好狀態。就涵蓋範圍來說，包括了企業整體的經營狀況。

主角設定為DIY公司，是一家販售DIY用品的零售商，所有人為T氏。這就是以設定狀況來帶出故事舞臺的展開方式。

接著，我們再來看一個例子。

> （S）自一九九〇年代創業以來，本公司「頑張企業」以網路群體軟體（Groupware）為核心產品，為法人客戶提供軟體服務。我們的經營理念為「顧客滿意」，持續努力開發產品和服務，以簡化複雜的資訊系統。
>
> 現在，使用本公司的主力產品——綜合軟體「奇蹟公司系列」的企業，全國已經超過一萬九千家，本公司遠遠超越其他同業，穩居業界龍頭。

這個例子，同樣表現出主角到目前為止持續安定的良好狀態。就故事的涵蓋範圍來說，鎖定了某一類的特定產品。

同時，也定義了舞臺設定（法人）和世界觀（業界龍頭）。接下來，我們用同樣的例子，但是把後半的情節發展修改一下：

（S）自一九九〇年代創業以來，本公司「頑張企業」以網路群體軟體（Groupware）為核心產品，為法人客戶提供軟體服務。我們的經營理念為「顧客滿意」，持續努力開發產品和服務，以簡化複雜的資訊系統。

雖然使用本公司的主力產品——綜合軟體「奇蹟公司系列」的企業，全國已經超過七千家，但是最近這幾年，已經被競爭對手A公司的產品拉開相當大的差距。

這個例子表現出具體的競爭關係，而後半段的部分顯示公司情況並不樂觀。也就是說，在S（設定狀況）的階段，不管是好是壞，介紹完主角之後，還要簡要的歸納出目前的穩定狀態。

■故事的涵蓋範圍，要設定好

從前述的例子你應該已經了解，S的任務是介紹故事的主角，同時還要設定故事展開的涵蓋範圍。

在S的階段，**傳遞者要決定故事結構中的舞臺應該涵蓋多大的領域**。是宇宙、銀河系、太陽系、地球、亞洲、日本、東京都，還是東京都的杉並區……？是世界經濟、某個特定的業界、某家企業、某個部門，還是某個特定的產品與服務……？首先，要提出一個（故事的）世界觀。

> （S）美國大型綜合通信系統業者亞歷桑那系統（Arizona Syscom）公司，所開發的視訊會議系統「臨場R」，具有高解析度畫面和高品質音效，強化了臨場感，在美國及歐洲市場上，展現出堅強的銷售實力。這家公司採取的多品項策略，領先其他業者。今後，在日本市場這塊處女地上，亞歷桑那系統公司的經營團隊，亦打算持續採取攻勢。

故事的主角為亞歷桑那系統公司的經營團隊。這個故事展開的核心，也就是舞臺設定，應該是今後該公司進軍日本市場的評估。因此，如果在S之後，陸續開展的C、Q、O、R都與日本市場無關，從頭到尾都在描述歐洲市場的策略，那麼接收者一定會覺得非常怪異。

■一開場的狀況描述，就得勾起認同感

S階段所敘述的內容，一定要能讓接收者產生共鳴。設定狀況時，最重要的是相關內容必須合乎接收者的知識、信念、感情或是願望。因此，用前述亞歷桑那系統公司的例子來說，如果讓讀者產生以下的負面反應，那就不好了：

「什麼！臨場R在歐洲似乎陷入苦戰。」
「原來臨場R的強項是低價位。」
「他們對日本市場似乎沒興趣。」

如果讓接受者產生「原來你什麼都不懂」的印象，那麼就很難讓對方接受你展開的故事。因此，重要的是，傳遞者**必須讓接收者讀完（聽完）設定狀況的內容，產生「對對，你說得沒錯」的反應**。只有先獲得對方的認同感，才能在S之後繼續發展C與Q。

S階段的基本方針是：正因為接收者已經了解，所以更應該表達出來。千萬別以為「他們已經知道了，所以不講出來也沒關係」。

二、發現問題

■顛覆現狀，但對方起共鳴的故事

緊接在S（設定狀況）之後的是C（發現問題）。C顛覆了S的穩定狀態，換句話說，C表現出事情發生變化。你可以把C當成第四章中提到的「發現問題」。

誠如前述，以邏輯表現力的角度來說，商業文書多半在尋求問題的解決之道，也就是說，幾乎都是「修理損壞的事物」、「不讓事物損壞」、「讓事物更好」等解決問題的方法。因此，除了會議紀錄之外，當我們在設計文書時，最好要意識到解決問題的過程，才能提高說服力。

C的作用在於，確認主角面臨的問題類型。你安排C出場，顛覆了S的安定狀態。依據你敘述的劇情，問題類型也會變得不一樣。具體而言，有以下三種問題類型：

恢復原狀型：必須修復已損壞的事物，不能放任不管。

防杜潛在型：目前沒問題，但希望將來不會損壞。

追求理想型：目前沒有障礙，但希望能更好。

C扮演的角色，在於根據故事的情節，確定問題屬於三種類型中的哪一種，並以此作為核心表現。這時候，與S一樣，你**必須選擇符合接收者認知的問題類型**。

假如接收者的認知是「事物已經損壞了」，但是你仍然大聲主張「目前沒有障礙，希望能更好」，那麼只會讓對方認為「你不懂，東西已經壞掉了」。如果發生這樣的情況，對方大概很難接受接下來的故事展開。

然而，如果傳遞者的認知是「事物已經損壞了」，但是對方仍相信「事物沒有損害，現在還很好」，那麼傳遞者最好還是用追求理想型的問題來展開故事，較能說服接收者。

原本，撰寫提案文書的目的即在於，促使接收者能夠採取傳遞者所暗示的行動。因此，傳遞者不一定要改變接收者認識問題的角度，反而要迎合接收者對於問題的認識。

■敘述「發現問題」時，你得顛覆開場時給對方的安定感

在這裡，我們將從S到C的故事開展過程中，具體分析C的概念。我繼續用前面的例子，來看看C的階段該如何表現。在這個例子當中，C的階段表現出一個追求理想型的問題。首先重複一次S的階段：

（S）DIY公司為一家與社區生活緊密相連的DIY用品零售商，在東京衛星都市的新興住宅區擁有九家同類型的店鋪。這家公司是未上市的家族企業，近幾年的年成長率都達到二〇%。公司所有人T氏推動一項政策，獲得極高的評價，那就是員工為來店顧客進行簡潔易懂的銷售說明。公司的商業模式是：向製造商大量採購產品、壓低進貨價格，藉此將零售價格設定在低價位。

接下來，為C的階段：

（C）最近，製造商的承辦人表示，他們開始實施提早支付獎勵制度，也就是如果能在十五天以內支付帳款，將提供三%的折扣，希望DIY公司加入這個制度。經過T氏的試算，這個制度對於公司的營收十分有利，非常有吸引力。不過，要將現在平均六十天才需要付清的款項，縮短到十五天以內付清，必須增加相當多的周轉金。況且，公司未來的目標是增加店鋪數目，但是資金調度已達極限。

誠如各位所見，廠商邀請ＤＩＹ公司加入提早支付獎勵制度這件事，成為顛覆Ｓ穩定狀態的原因。即使沒有加入這個制度，對ＤＩＹ公司的現狀也沒有任何影響。不過，如果能夠善加利用這個機會，就可以享受莫大的利益和優惠。因此，這是一個追求理想型問題。

可是，在追求理想的過程中，必須增加龐大的周轉金。同時，ＤＩＹ公司未來的目標是增加店鋪數目，這也需要錢，但是公司的資金調度並不寬裕。於是，事情變得複雜起來，因為Ｃ的階段，原本只是發現問題，現在卻產生了選定理想和資產盤點等課題，而這些都屬於追求理想型問題。

假設從Ｓ到Ｃ（從穩定狀況到顛覆穩定狀況）是文書或簡報的一部分，而報告的對象為Ｔ氏，那麼故事的內容必須能激發Ｔ氏的共鳴，讓他說出：「嗯，你說得對。」

三、設定課題

■問題的背後，你能馬上看出該解決的課題是什麼嗎？

Ｃ（發現問題）之後是Ｑ（設定課題）。從Ｓ到Ｃ的過程中，反映出主角的疑問。

如果以解決問題的分析架構來比喻，那就是：發現問題後，接下來就必須設定課題（也就是問題的背後，應解決的課題是什麼？）。Q階段中的課題設定，必須根據C階段的結果，也就是你認為這是什麼問題類型而設定課題。

例如，如果在C階段所認定的問題屬於恢復原狀型，那麼出現在Q階段的課題必然是以下當中的一個：

- 掌握狀況。
- 緊急處置。
- 分析原因。
- 根本處置。
- 防止復發。

除非客戶或上司有所要求，否則課題必須依照以上所提示的順序一一表示。**此外，由於課題領域是累積的，因此後面的課題會包含前面的課題**。換句話說，當你想要處理分析原因的課題，就要先處理掌握狀況和緊急處理的課題。當然，在某些狀況裡，不會出現緊急處理的課題，但是絕對不能省略掌握狀況的課題。其原因在於，先掌握狀況，才會有原因分析。同樣的，如果你想處理根本處置的課題，那麼你要先分析原因，以及對前面的課題有相當的理解。在處理防止復發課題的時候，也是如此。

假設在C階段所認定問題類型屬於防杜潛在型，那麼Q階段所設定的課題，必然是以下當中的一個：

- 假設不良狀態。
- 誘因分析。
- 預防策略。
- 發生時的因應策略。

如果你要表現的故事內容**涵蓋了全部的課題**，那麼最自然的呈現，就是依照以上的排列順序來表現。與恢復原狀型問題的課題領域一樣，這些策略工作都是累積性的，如果前面一項沒完成，進行下面一項也沒用。所以，當你描述預防策略時，自然會先提到前面的「假設不良狀態」以及「誘因分析」。

如果，在C階段所認定問題屬於追求理想型的話，則Q階段的課題設定將包括：

- 資產盤點。
- 選定理想。
- 實施策略。

至於說明的順序和特性，則與前述其他的問題類型相同。接下來，我們考慮DIY公司從S到C的過程，就可以得出Q。

> （Q）在資金不足的制約下，DIY公司的T氏開始思考，如何在增加店鋪數目的目標，以及加入製造商提出的提早支付獎勵制度之間，找到折衷的平衡點。

由於不用資產盤點便知道現金不足，而且理想也已經選定，那就是又要展店，又想得到折扣，因此在Q的階段，主要的故事內容為：解決追求理想型問題當中的實施策略的課題。不過，在說明實施策略的課題之前，要先簡單提及資產盤點和選定理想的課題，才能保持故事的完整性。

■全套思考，以免當場被考倒

在Q的階段，是要按部就班鋪陳整套課題，還是只講一、兩個課題，必須視情況而定。在恢復原狀型的問題當中，你可以只將「掌握狀況」作為主題，不必進一步分析原因。同樣的，在追求理想型的問題裡，也可以將焦點集中於資產盤點。或者，在某些情況下，只選定理想，而將實施策略留到後面再說明。箇中關鍵在於，**接收者期待你講到哪裡？**

或許，你認為「今天的簡報只說明到掌握狀況」就好，可是對方卻急著尋求答案：「就算是假設也好，請告訴我原因。」即使回答他：「這份文書並非最終報告，所以只處理到假設不良狀態和誘因分析。」對方也可能會追問：「在目前這個階段，你對預防策略有什麼想法？發生時的因應策略呢？」所以，即使是假設也好，最好以全套的概念思考課題領域（以免當場被考倒）。

■故事的導入部分「ＳＣＱ」務必緊湊

在進行分析時，除了要用全套完整的概念，來思考出現於Q階段的課題之外，還必須將ＳＣＱ（設定狀況→發現問題→設定課題）視為同一組才行。誠如前述，ＳＣＱ為故事導入的部分，因此最好能用簡短的概念來表現，讓接收者很快進入狀況。不過，當你得知接收者對於ＳＣＱ的認識、知識及理解都不足時，便應該增加解說的長度，比較有利於溝通。

四、克服障礙、解決收尾

■O、R找回失去的安定感

Q（設定課題）的下一個步驟為O（克服障礙）。在O的階段，要解答Q階段所設定的課題，換句話說，這個階段的作業重點，是找回C階段顛覆的安定感。另外，O的過程是故事展開的核心，分量也是最多的，大約占了整體篇幅的六到七成左右（見左頁圖表5-4）。

傳奇的戲劇作家羅伯特．麥基（Robert McKee），對於「故事」有這樣的詮釋：

所謂「故事」，本質上為描寫人生的變化及其理由。故事會從人生比較穩定的狀態開始。所有一切都是安穩的，並讓人覺得那份安穩會永遠持續下去。可是，發生了某件事，那份穩定崩解了。（省略）接下來的內容，會描寫主角想要恢復穩定的

圖表5-4 S—C—Q—O—R 的分配概念圖

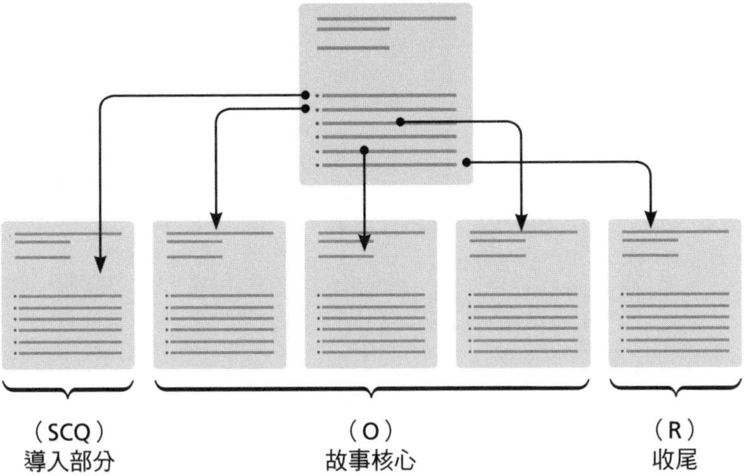

主觀期待，與阻擾他實現理想的「客觀事實」，這兩者之間所形成的衝突。

優秀的說故事者，會生動描述主角克服困難的過程。主角會深思熟慮，運用自己為數不多的有利條件，來完成困難的判斷，明知危險卻仍採取行動，最後找出真相。（省略）每位偉大的說故事者，都會處理主觀期待與嚴峻現實之間，所產生的內心深沉的糾葛與掙扎。

我試著將羅伯特．麥基的說明，與邏輯表現力的故事展開手法進行對照。麥基說：「所謂『故事』，本質上為描寫人生的變化及其理由。」由於本書的假設背景是一般商務場合，因此**故事就是解決問題的過程**。

而「故事會從人生比較穩定的狀態開始。所有一切都是安穩的，並讓人覺得那份安穩會永遠持續下去。」這個部分，相當於S的階段。

「可是，發生了某件事，那份穩定崩解了。」這個部分相當於C和Q，也就是發現問題和設定課題的階段。

「接下來的內容，會描寫主角想要恢復穩定的主觀期待，與阻擾他實現理想的『客觀事實』，這兩者之間所形成的衝突。優秀的說故事者，會生動描述主角克服困難的過程。主角會深思熟慮，運用自己為數不多的有利條件，來完成困難的判斷，明知危險卻仍採取行動」這個部分，相當於O的階段。在這個階段裡，提出並評估替代方案，藉由解決課題，取回失去的平衡。

而結尾的「最後找出真相」，則對應於R（解決、收尾）這個階段。確認課題的解決策略，就是故事的收尾。

在表現邏輯能力時，O是故事的核心，其作業流程就如同羅伯特·麥基所說的，是為了找回在C階段失去的安定感。我們可以將SCQ（故事的導入）視為同一組，OR（故事的核心與收尾）視為另一組。

故事的核心部分如何展開？

■「Q」決定了「O→R」的故事鋪陳方式

在這裡，我們要學習如何展開故事的核心。O是故事的核心，其內容端視在Q階段所設定的課題領域。換句話說，O的內容就是回答Q所設定的課題。接下來，我會根據不同的問題類型來進行分類及說明。

■「恢復原狀型」問題，故事要提到「說明狀況」

首先是恢復原狀型問題。假如Q選定的課題是「掌握狀況」，那麼O階段的故事內容，就是狀況說明，而且要特別詳細敘述是怎麼損壞的。

如果設定的課題是分析原因，那麼必須先說明現狀（掌握狀況），才能夠說明原因。不能因為要處理的是分析原因的課題，所以只分析原因。**跳過狀況說明，直接切入原因分析，會讓人覺得太過唐突**。

幾乎所有克服障礙的程序，都將掌握狀況和分析原因視為前後連貫的作業。所以，務必先讓接收者理解現狀，再提及原因。也就是說，在恢復原狀型問題的O的階段，不論內容多寡，其中一定要包含狀況說明。

■克服障礙的故事，精采之處就是解決問題的過程

假設O的階段，有處理到根本處置的課題，那麼必須提出兩、三個替代方案，並傳達這些選項的利弊得失。這個部分，對應至問題解決過程的第三及第四步驟。

接著，在R（解決、收尾）的階段，就要傳達你選定的方案。如果你想要處理防止復發的課題，那就跟根本處置的情況一樣，必須先在O的階段，評價一種以上的選項，然後在R的階段表示選定的防止復發策略。

假設在問題解決過程的第五步驟出現某個實施策略，那麼原本選定的根本處置或是防止復發策略，就不能放進最後的R，而應該穿插在O當中。否則，你無法說明R當中的實施策略，會讓接收者覺得你有兩、三種結論。

■因應策略要聚焦，切忌什麼方法都提出

誠如前述，在敘述解決恢復原狀型問題的故事裡，O的部分要穿插緊急處理、根本處置、防止復發等情節。可是，就現實而言，根本不可能一次處理全部的狀況。例如，當我們摸索根本處置的方法時，很少人會觸及防止復發。一般來說，應該是先把焦點放在根本處置，然後再另外做出防止復發的提案，才不會讓接收者產生混亂。

特別是當你提及緊急處置時，最好將O與R階段所處理的主題，限定在狀況說明和

緊急處置。其原因在於，當我們需要提到緊急處置時，表示緊急事態已經發生了，為了讓接受者立即下決定，最好鎖定焦點。

另外，**考慮緊急處置時，不必考慮分析原因的課題**。先不要去思考原因，所謂「緊急」就是要立即做出停止損害的處置。就像發生火災時，應該立即投入滅火作業，至於分析火災的原因，則是以後再說。而根據原因做出處置的，應該是根本處置。

■除非是報告書，你才需要寫入所有的對策

根據文書旨趣的不同，鎖定焦點的方式也會改變。如果文書是**實際行動**的方案，那麼依照前述的流程來進行即可。然而，如果是**事後報告**，就沒有必要把焦點放在某個特定的實施策略。

我們可以將實際執行的緊急處置、根本處置，以及選定的防止復發策略，一同放入OR（克服障礙，以及解決、收尾）的階段當中去處理。不僅如此，除非有特別需要省略的理由，否則為了要讓接收者了解事情的整體情況，報告書裡應該包含**所有**已經決定實行的行動。

■防杜潛在問題的故事，一定要分析誘發原因

接下來，我們要討論**防杜潛在型問題**的ＯＲ階段的處理過程。跟恢復原狀型的問題相同，防杜潛在問題的ＯＲ結構，也是看Ｑ的階段設定了哪些課題。如果Ｑ階段設定的課題是「假設不良狀態」，也就是「放置不管，情況會變得如何」這類疑問，那麼Ｏ的內容，就要描寫什麼是不希望發生的不良狀態。

如果打算處理「應該如何做才好」的預防策略，那麼除了加入你設想的不良狀態，還要加進導致這些狀況的誘因分析。其原因在於，一般的預防策略多半會要求你提出方法，以排除不良狀態的誘因，所以你一定要先分析誘因。還有一個原因是，防杜潛在型問題的解決故事多半是以預防策略為中心。雖然接收者不會要求，但是幾乎一定要事先鋪陳誘因分析。

■給對方三個選擇項目，太多反而顯得你糊塗

如果你提出的預防策略當中，有一些項目可供選擇，那麼評價和介紹這些替代方案，就是Ｏ階段的重要因素。另外，若是內容還提及了發生時的因應策略，也必須放在Ｏ的階段來處理。

發生時的因應策略很容易被遺漏。跟預防策略的各式替代方案一樣，因應策略的各

種替代方案，也要放進O裡面。如果你既需要提出預防策略，也需要提出發生時的因應策略，那麼就應該把這兩者都放入O的階段裡。另外，如果實施策略當中也有一些項目可供選擇，那麼也要放入O當中。

可是，如果一口氣提出所有的對策和替代方案，以及與此相關的實施策略，那麼不論是傳遞者還是接收者都會陷入一團混亂。因此，**提示替代方案時，最好鎖定核心對策，只限於三個左右較佳**。

還有，你最好根據O的狀況，來考慮R的分量，像是考慮是否在R裡面放入實施策略的概要。如果太重視網羅性，包山包海什麼都想說，你的故事可能變得難以理解，因此務必注意O的狀況。

■追求理想的故事，一定要說出實施策略

接下來，要說明追求理想型問題的O構成方式。在這個階段，展開的課題包括了資產盤點、選定理想，以及實施策略。

通常，我們進行追求理想型問題，在O階段的故事展開之時，不可以結束於資產盤點，換句話說，不能只描述主角能力的強弱就結束。例如，「你的體力很好，也有豐富的健行和登山經驗，不過還沒有在冬天爬過山。」像這樣分析完主角的能力之後，故事

並未結束，因為，接收者至少會期待（你建議）他該爬哪座山，也就是選定理想。

在這種情況下，必須提出如何達成理想的實施策略提案。假如你想出一個以上的替代方案，那麼資產盤點就變得很重要，原因是你必須據此建構出，適合當事人能力的實施策略。

選定理想時，只要進行自我分析就夠了。但是，如果還要思考如何達成理想，那麼在O的階段，還必須做實施策略的能力分析才行。追求理想型問題的R，與其他的問題類型一樣，是指結尾和整理。

■故事收尾要單純有力，未必要有大結局

到目前為止，我分析了故事展開的後半部，也就是O這兩個部分。進入R這個階段，除了確認最終訊息之外，也要確認O和R的內容分量是否已經做過調整。另外，還要確認這兩者之間的作用關係（經過O，得到R）。

R還有一個很重要的作用，那就是連結未來的開展。例如，你可以在R的部分提示這種訊息：「在這次的文書中，我提及了恢復原狀型問題的根本處置方式。未來，應該要再考慮到防止復發的部分。」

同樣的，你可能在某個防杜潛在型問題的故事展開中，沒有說明發生時的因應策略

的重要性，但是你可以在收尾處點出它的重要性。無論如何，只要有事情想留待下次說明，都可以在R這個階段提示出來。

SCQOR的實例

■開場緊湊，過程精采，結尾單純有力

接下來，我要介紹OR的例子。前述DIY公司的例子剛好已經進展到Q（設定課題）的階段。SCQ的故事發展如下：

（S）DIY公司是一家與社區生活緊密相連的DIY用品零售商，在東京衛星都市的新興住宅區擁有九家同類型的店鋪。這家公司是未上市的家族企業，近幾年的年成長率都達到二〇%。公司所有人T氏推動一項政策，獲得極高的評價，那就是員工為來店顧客進行簡潔易懂的銷售說明。公司的商業模式是：向製造商大量採購產品，壓低進貨價格，藉此將零售價格設定在低價位。

（C）最近，製造商的承辦人表示，他們開始實施提早支付獎勵制度，也就是如果能在十五天以內支付帳款，將提供三%的折扣，希望DIY公司加入這個制度。經過T氏的試算，這個制度對於公司的營收十分有利，非常有吸引力。不過，要將現在平均六十天才需要付清的款項，縮短到十五天以內付清，必須增加相當多的周轉金。況且，公司未來的目標是增加店鋪數目，但是資金調度已達極限。

（Q）在資金不足的制約下，DIY公司的T氏開始思考，如何在增加店鋪數目的目標，以及加入製造商提出的提早支付獎勵制度之間，找到折衷的平衡點。

接著是O的內容。確認的問題類型（C）以及設定的課題領域（Q），限定了O的內容。前面已經提過，這個例子的問題類型屬於追求理想型。而Q的課題設定，則是以實施策略為主。另外，雖然不甚詳細，但是在實施策略課題之前，約略提到資產盤點和選定理想的課題，因此以下將O區分為三個分段，構成一個全套完整的版本。

（O1）DIY公司盡可能同時追求營業額的成長，以及利益的最大化。為了達成這兩個目標，不但要加入提早付清帳款的獎勵制度，還要拓展新店鋪，也就是兩者兼顧是最理想的。但是，這遠遠超過DIY公司的資金調度能力，在實施上有其困難。

（O2）相對的，另一個選項是兩個方案都不做。或許，有人會批評這種維持現狀的策略太過消極。確實，DIY公司不是完全沒有增加資金的能力，而且還具備管理店鋪的知識和技巧，因此不採取行動就無法完全發揮本身具有的經營能力。但是，如果市場需求大幅萎縮，或者大企業加入拓店競爭，那麼未來經營環境就會發生變化，維持現狀反而可以讓損害降到最低。此外，維持現狀還有一個好處，那就是不用擔心與金融機構間的借貸與償還問題。

（O3）雖然大企業的拓店競爭確實是個風險，但是未來的市場需求很有可能會擴大，因此應該追求兩者之間的平衡。具體而言，DIY公司的經營相當穩定踏實，所以應該加入提早付清帳款的獎勵制度，同時在自身能力的範圍內，追加資金來增加店鋪數目。再保守一點來說，目前先暫時停止拓店的動作，可以一邊擴大現金流量，一邊充實內部保留。最後，等公司的借貸能力提高之後，不僅可以進一步擴大店鋪數目，還能夠實施聲東擊西的經營策略。

（R）做個簡單的結論：在現實制約下追求理想，可以從衝擊性和即效性這兩方面來思考。最好的方案是，加入獎勵制度，同時在能力範圍之內，增加資金調度、實行拓店。並且，最重要的是，要如同中藥的處方，溫和、耐心的持續執行庫存和應收帳款管理。

為了讓讀者比較容易理解OR的結構，因此在這個例子當中，SCQ所占的比例比較少。

接下來，開始逐一分析每個分段，首先是O1的部分：

（O1）DIY公司盡可能同時追求營業額的成長，以及利益的最大化。為了達成這兩個目標，不但要加入提早付清帳款的獎勵制度，還要拓展新店鋪，也就是兩者兼顧是最理想的。但是，這遠遠超過DIY公司的資金調度能力，在實施上有其困難。

在O1的分段當中，傳遞者先確認主角DIY公司以及T氏的理想：「盡可能同時追求營業額的成長，以及利益的最大化。」另外，評價了其中一個追求理想的實施策略（替代方案）：「不但要加入提早付清帳款的獎勵制度，還要拓展新店鋪，也就是兩者兼顧是最理想的。」

確實，這是一項值得期待的提案。只可惜傳遞者接下來判斷，鑑於DIY公司有限的借貸能力，不得不放棄這個選項。借用羅伯特・麥基的說法，就是「阻擾理想實現的客觀事實」，想必主角一定很不甘心吧。

接下來是O2的部分：

（O2）相對的，另一個選項是兩個方案都不做。或許，有人會批評這種維持現狀的策略太過消極。確實，DIY公司不是完全沒有增加資金的能力，而且還具備管理店鋪的知識和技巧，因此不採取行動就無法完全發揮本身具有的經營能力。但是，如果市場需求大幅萎縮，或者大企業加入拓店競爭，那麼未來經營環境就會發生變化，維持現狀反而可以讓損害降到最低。此外，維持現狀還有一個好處，那就是不用擔心與金融機構間的借貸與償還問題。

這時候，對於接收者的疑問：「既然不能實施最理想的方案，那麼應該怎麼做才對？」，你暫且不予理會，直接在第二個分段，試探性的丟出一套不怎麼理想的替代方案：「兩者都不採取行動。」只是，依照環境設定的發展，這個選項並非完全沒有優點。因此，你也可以暗示，這個方案並非只是試探性的而已。總而言之，現在接收者被吊足胃口了：「那麼應該怎麼做才對？」

接下來，是O3的部分：

（O3）雖然大企業的拓店競爭確實是個風險，但是未來的市場需求很有可能會擴大，因此應該追求兩者之間的平衡。具體而言，DIY公司的經營相當穩定踏實，所以應該加入提早付清帳款的獎勵制度，同時在自身能力的範圍內，追加資金來增加店鋪數目。再保守一點來說，目前先暫時停止拓店的動作，可以一邊擴大現金流量，一邊充實內部保留。最後，等公司的借貸能力提高之後，不僅可以進一步擴大店鋪數目，還能夠實施聲東擊西的經營策略。

在O3中，你否定O2設定的悲觀環境（你認為不會發生），然後提出了實際且穩當的替代方案。這時候，如果再繼續拖延不做解答，等於是在考驗接收者的耐性，因此以時機點來說，現在宣布答案剛剛好。這時候接收者大概已經感覺到：「如果最理想的方案不可能實行，那麼某種程度的妥協方案應該可行吧。」

但是，或許接收者還留戀著理想方案。因此，O3的後半部分提示一段訊息：

（O3）再保守一點來說，目前先暫時停止拓店的動作，可以一邊擴大現金流量，一邊充實內部保留。最後，等公司的借貸能力提高之後，不僅可以進一步擴大店鋪數目，還能夠實施聲東擊西的經營策略。

在這裡，傳遞者提示了一個轉換後的替代方案，那就是「聲東擊西的經營策略」。介紹保守的替代方案，能夠提升對方果敢執行現實方案的意願。或許，也可以藉此清除接收者對於理想（卻不切實際）方案的留戀。

最後是R的部分：

> （R）做個簡單的結論：在現實制約下追求理想，可以從衝擊性和即效性這兩方面來思考。最好的方案是，加入獎勵制度，同時在能力範圍之內，增加資金調度、實行拓店。並且，最重要的是，要如同中藥的處方，溫和、耐心的持續執行庫存和應收帳款管理。

在R的階段，除了確認建言之外，還介紹了幾項附加策略，像是庫存管理和應收帳款管理。當然，爽快乾脆的提出建言，然後結束，也是一種風格。但是在這裡，我們的目的是希望接收者認為：「就像中藥處方一般，效果最好。」讓他不執著於過於理想性的策略。

另外，一般人不太會反對中藥處方的好處（溫和漸進），不僅可以讓接受者產生「認同感」，還可以將這種感覺轉移到現實方案上，使他更容易接納你的建言。

有主題、有標題、有摘要式的故事展開

在這裡，我再次簡要分析ＳＣＱＯＲ的另一個例子，形式上包含了主題和標題訊息。這個例子改編自大家熟知的「桃太郎」的故事，其核心問題是防杜潛在型問題，核心課題為預防策略。還有，在這個例子當中，最初的分段就提示出主要摘要。

主要主題：桃子的解析與對老婆婆的意義。

主要訊息：對老婆婆來說，撿桃子回家好處多。

主要摘要：現在，老婆婆面臨是否要為了老公公將桃子撿回家的抉擇。一般來說，桃子很可能可以滿足老公公滋補養身的欲望。特別的是，這次漂流過來的桃子是中國特產的大型天津桃，非常適合老公公。再加上，原本擔心的安全方面和搬運方面的課題，都非常有可能克服。對老婆婆來說，這次將桃子撿回去好處多。因此，建議老婆婆將桃子帶回家。

關鍵主題：提示問題（ＳＣＱ）

關鍵訊息：老婆婆面臨著是否為了老公公將桃子撿回家的抉擇。

次要訊息：很久以前，在某個地方，有一位老公公和一位老婆婆過著安穩的日子。

每天，老公公上山砍柴，老婆婆則到河邊洗衣服。老公公身體沒有大礙，可是最近卻開始產生異樣的疲勞感。他對於目前持續勞動的生活開始感到不安：如果自己不能工作，將面臨無法生活的問題。有一天，老婆婆和平時一樣到河邊洗衣服，河川上游搖搖晃晃漂來一顆很大的桃子。老婆婆不但對桃子的尺寸感到驚訝，還發現桃子色澤良好，於是心想：「應該讓老公公吃顆桃子，恢復精神。」老婆婆面臨是否將桃子撿回家的抉擇。

關鍵主題：桃子的有效性（O）

關鍵訊息：一般來說，桃子能帶來滋補養身的效果。

次要訊息：桃子富含蛋白質、維他命C、鉀、纖維等，加上果肉柔軟，易於身體吸收營養。另外，除了果肉非常具有營養價值，種子內核的桃仁對於血氣不良也有很好的療效。因此，吃桃子與老公公滋補養身的需求一致。

關鍵主題：天津桃的優越性（O）

關鍵訊息：特別的是，這次漂流過來的桃子是中國特產的大型天津桃，非常適合老公公。

次要訊息：這次漂流過來的桃子是中國特產的「天津桃」，從桃子上面尖尖的形狀便可以看出這個特徵。例如，日本代表性的桃子「白鳳」，整顆是圓的。確實，過去天津桃面臨許多課題，像是尺寸小、口感乾澀、糖度低等。可是，經過大幅改良之後，天津桃也以高營養價值而聞名。加上，這次漂過來的桃子非常巨大，極為罕見。因此，應該具有非常高的營養價值。當然，可以想見種子應該也比一般的大很多。總之，這個桃子完全符合老公公滋補養身的需求。

關鍵主題：風險分析（O）

關鍵訊息：再加上，原本擔心的安全和搬運方面的課題，都非常有可能克服。

次要訊息：可是，中國特產的桃子至今仍然必須留意農藥殘留的問題。這次的桃子為大型桃，因此農藥附著的面積也較大。此外，從體積和重量這兩方面來推測，這個桃子在搬運上需要普通桃子數倍的勞力。確實，這些都是風險因素，不過農藥殘留的風險只需要靠洗淨就可以克服，並且採用「背負式」而非一般的「環抱式」來搬運，也可以克服搬運上的課題。

關鍵主題：結論（R）

關鍵訊息：因此，對老婆婆來說，將桃子撿回去好處多。

次要訊息：以上的結論是：這個桃子可以解決老公公滋補養身的需求，此外他們也能承受之後的風險，因此值得老婆婆將桃子帶回家。再者，桃子對於女性成人疾病的治療與預防也相當有效果，對老婆婆也有好處。不過，這個桃子頗為巨大，必須留意不要吃過頭了。今後，不只是桃子或其他水果，還要以均衡的飲食生活為目標，想出改善策略。最後再補充一點：雖然不常見，但有時候這麼大的桃子裡面會附帶小嬰兒。

（這個例子純屬虛構，用意在於設計問題解決型的故事展開結構，不保證其內容的真實性。）

第6章

金字塔結構，如何轉成報告和簡報

展現你邏輯說服力的故事，得這樣說……

- 用金字塔結構當設計圖
- 金字塔如何寫成「報告」
- 簡報，怎麼用金字塔結構呈現？

在第六章中，我們要把學到的金字塔結構和解決問題型故事展開法，落實在特定的格式當中。我將列舉商業文書的兩種代表格式來說明：報告、簡報（包括文案）。雖然報告和簡報在外觀上不盡相同，但是這兩者都是依據金字塔結構來製作。

用金字塔結構當設計圖

■有說服力的故事，要先想好架構

到第五章為止，我們學過的金字塔結構，足以幫你處理業務上碰到的各式文書，堪稱萬能設計圖。就像是多功能幹細胞一樣，可以分化成多種內臟器官。

可是，不管你構思的設計圖有多麼棒，在實務上都不可能將設計圖當作成品提出，或者直接用來做簡報。相對的，無論設計圖再怎麼精采，如果最終不能做出成品，那就等於白白浪費。例如，不管原著有多麼優秀，如果影像拍得亂七八糟，這部電影也不算成功。

所以，**將設計圖落實成最終格式是非常重要的作業**。接下來，我將依照順序介紹金字塔結構如何落實為兩種商業文書格式：報告和簡報。

圖表6-1 「桃太郎」的主題金字塔

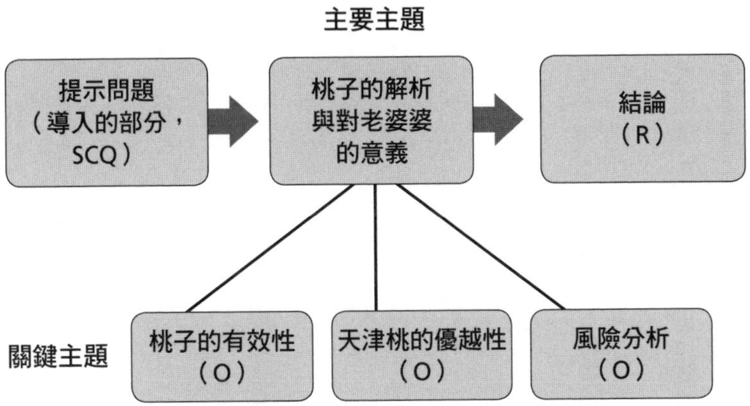

■先寫出「主題」金字塔

我用上一章「桃太郎」的例子作為題材，把它的金字塔結構和解決問題的故事展開，落實成最終格式。首先，要確認的是文書的設計圖，也就是金字塔結構。

圖表6-1是「桃太郎」的主題金字塔，呈現出主要主題和關鍵主題。這時尚未加入任何訊息，仍然只是「容器」而已，顯示出某件事的結構。**只寫出主題的金字塔結構，稱之為「邏輯樹」**。

這個例子的主要主題是「桃子的解析以及對老婆婆的意義」。而提示問題（故事的導入部分）的SCQ、結論的R、故事主體的O，皆為關鍵主題，屬於同個層次。

■再填入「訊息」，建成上半金字塔

接著，要確認的是放進主題容器的訊息，也就是完成「訊息金字塔」。詳細請參照左頁圖表6-2。

就如同你看到的，這個金字塔在主要層級和關鍵層級都寫上「**標題訊息**」。而主題則維持不變。以這個範例來說，它在金字塔結構的主要主題和關鍵主題底下，都**加上了幾十個字的簡短訊息，也就是標題訊息**。

如果你寫得太長，就不能稱為「標題」，而應該定位成本文。在這個圖表中，為了讓大家容易理解，我把「提示問題」和「結論」這兩個關鍵主題，列在同一個層級。

三個O的部分在結構上同時並列，而在故事展開上則是以連接詞來連接發展的順序。另外，這份設計圖的主要訊息，與結論R的關鍵訊息相同。

■建成完整版金字塔

在主題底下加上主要摘要，在標題之下加上次要訊息，就完成了完整版的金字塔結構（圖表6-2）。

這個「桃太郎」的例子，是一個最具涵蓋性的金字塔結構。**當你要提供的訊息分量越多，製作主要摘要的好處也就越大**。同樣的，如果次要訊息的內容太長，那麼你在關

圖表6-2 「桃太郎」的訊息金字塔

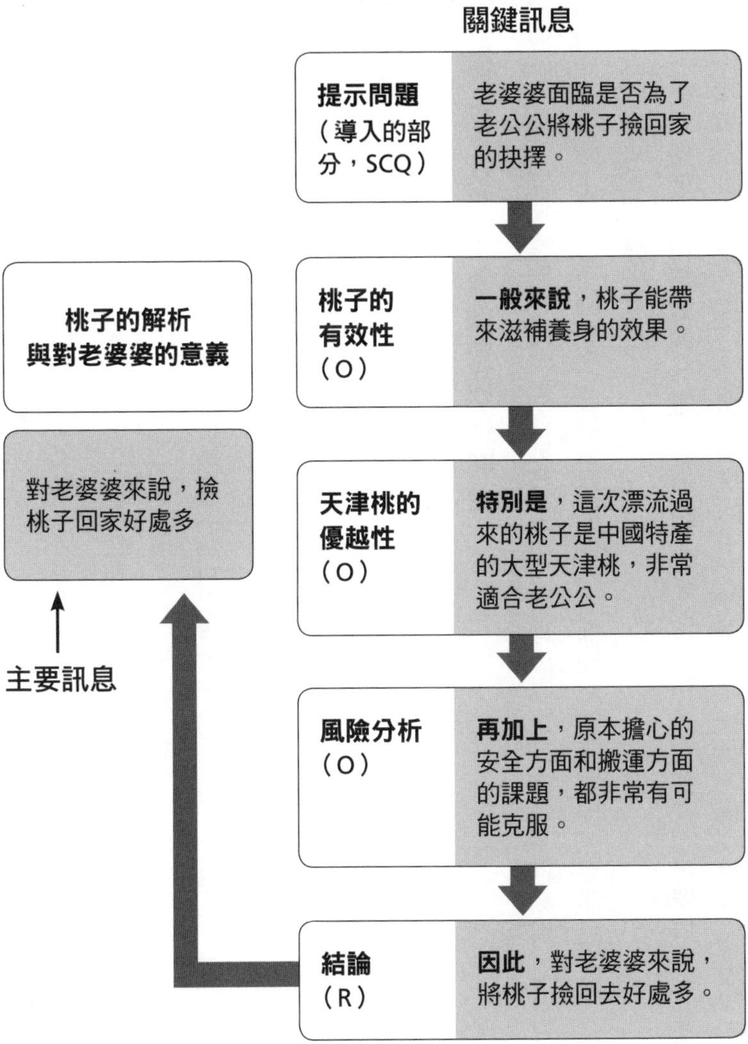

鍵層級做出摘要，將有助於訊息的傳達。

在這個金字塔結構中，次要訊息完全化成文字資訊。假使你想要做出更嚴謹的金字塔結構，還必須標記出次要訊息的層次，而這些訊息彼此之間都呈現出並列或者直列的關係。

接下來，我們要將這個金字塔結構落實成為可以實際應用的格式。首先，我們先來看看報告的形式。

金字塔如何寫成「報告」

■內容很長，就將主要摘要放在前面

請看圖表6-3。即便外觀不同，但從結構上還是看得出來它是個金字塔結構。這份範例格式當中，省略了撰寫者的名字，請視狀況加入。而在主要主題與主要訊息之間，有的人會加入製作這份**報告的背景**。

另外，由於這個範例格式的分量約為一張A4的紙張，因此不一定要放入主要摘要。但是，如果報告的頁數很多，最好還是附上主要摘要比較好。讓接收者先讀過主要

圖表6-3 「桃太郎」完整版金字塔結構

提示問題（導入的部分，SCQ）

老婆婆面臨是否為了老公公將桃子撿回家的抉擇。

很久以前，在某個地方，有一位老公公和一位老婆婆過著安穩的日子。每天，老公公上山砍柴，老婆婆則到河邊洗衣服。老公公身體沒有大礙……

桃子的有效性（O）

一般來說，桃子能帶來滋補養身的效果。

桃子富含蛋白質、維他命C、鉀、纖維等，加上果肉柔軟，易於讓身體吸收營養。另外，除了果肉非常具有營養價值，種子內核的桃仁對於血氣不良……

天津桃的優越性（O）

特別是，這次漂流過來的桃子是中國特產的大型天津桃，非常適合老公公。

這次漂流過來的桃子為中國特產的「天津桃」，從桃子上面尖尖的形狀便可以看出這個特徵。例如，日本代表性的桃子「白鳳」，整顆是圓的。確實……

風險分析（O）

再加上，原本擔心的安全方面和搬運方面的課題，都非常有可能克服。

可是，中國特產的桃子至今仍然必須留意農藥殘留的問題。這次的桃子為大型桃，因此農藥附著的面積也較大。此外，從體積和重量這兩方面……

結論（R）

因此，對老婆婆來說，將桃子撿回去好處多。

以上的結論為：這個桃子可以解決老公公滋補養身的需求，此外他們也能承受之後的風險，因此值得將桃子帶回家。再者，桃子對於女性成人疾病的治療……

次要訊息

桃子的解析與對老婆婆的意義

對老婆婆來說，撿桃子回家好處多

現在，老婆婆面臨是否要為了老公公將桃子撿回家的抉擇。一般來說，桃子很可能可以滿足老公公滋補養身的欲望。特別是，這次漂流過來的桃子是中國特產的大型天津桃，非常適合老公公。再加上，原本擔心的安全方面和搬運方面的課題，都非常有可能克服。對老婆婆來說，將桃子撿回去好處多。因此，建議老婆婆將桃子帶回家。

主要摘要

摘要，掌握整體的脈絡之後，再閱讀內容，會比一開始就從頭閱讀冗長的文本，更能夠減輕他們的負擔。

由於圖表6-4的範例格式，加進了主要摘要，因此整份報告總共由六個分段所構成。在第二章中，我們學過分段是在一個主題與訊息之下，由複數訊息所組成的集合體。

一般來說，**一張A4的紙張上，最適合放上五個分段左右**（一組SCQ、三個O及一個R）。如果只放入三個分段，那麼每一段的內容會過長。要注意的是，最多不要超過七個分段。當分段超過七個，就會產生破碎零散的感覺。在報告的形式中，每個分段之間一定要空出一行，如此一來，可以減輕接收者的負擔。而書籍則另當別論。

■萬一寫太長了，怎麼刪？

假如想加長內容，可以增加次要訊息的分量。在某些情況下，甚至可以將這份格式當中的「次要訊息」，寫成關鍵主題之下的摘要，然後在下面插入由複數分段構成的次要訊息。這時候，次要訊息的分段數最好設定在三到五個。就如之前說的，想要加長內容就必須增加細部的說明。

要注意的是，即便想要加長內容，然而如果你增加的是原本沒有設定的關鍵主題／訊息，那麼就會產生問題。其原因在於，你這麼做會導致原本較短的版本遺漏重要的主

圖表6-4 「桃太郎」報告型格式範例

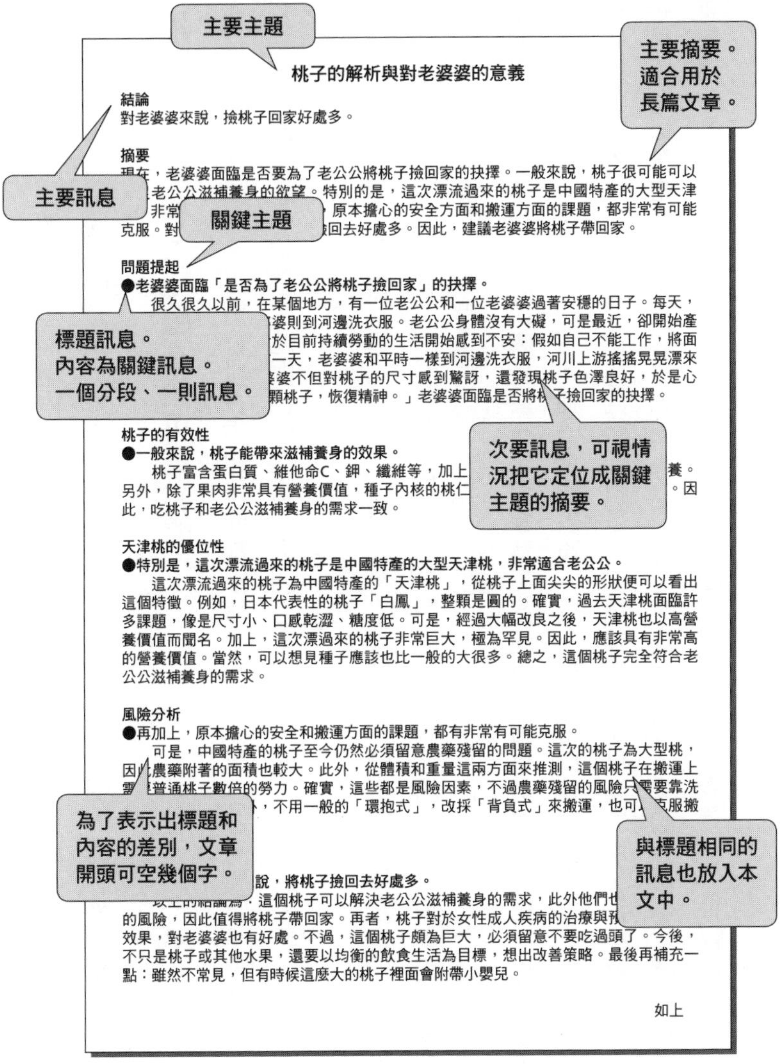
桃子的解析與對老婆婆的意義

結論
對老婆婆來說，撿桃子回家好處多。

摘要
現在，老婆婆面臨是否要為了老公公將桃子撿回家的抉擇。一般來說，桃子很可能可以……老公公滋補養身的欲望。特別的是，這次漂流過來的桃子是中國特產的大型天津……非常……原本擔心的安全方面和搬運方面的課題，都非常有可能克服。對……撿回去好處多。因此，建議老婆婆將桃子帶回家。

問題提起
●老婆婆面臨「是否為了老公公將桃子撿回家」的抉擇。
很久很久以前，在某個地方，有一位老公公和一位老婆婆過著安穩的日子。每天，……婆則到河邊洗衣服。老公公身體沒有大礙，可是最近，卻開始產……於目前持續勞動的生活開始感到不安：假如自己不能工作，將面……一天，老婆婆和平時一樣到河邊洗衣服，河川上游搖搖晃晃漂來……婆婆不但對桃子的尺寸感到驚訝，還發現桃子色澤良好，於是心……顆桃子，恢復精神。」老婆婆面臨是否將桃子撿回家的抉擇。

桃子的有效性
●一般來說，桃子能帶來滋補養身的效果。
桃子富含蛋白質、維他命C、鉀、纖維等，加上……養。另外，除了果肉非常具有營養價值，種子內核的桃仁……。因此，吃桃子和老公公滋補養身的需求一致。

天津桃的優位性
●特別是，這次漂流過來的桃子是中國特產的大型天津桃，非常適合老公公。
這次漂流過來的桃子為中國特產的「天津桃」，從桃子上面尖尖的形狀便可以看出這個特徵。例如，日本代表性的桃子「白鳳」，整顆是圓的。確實，過去天津桃面臨許多課題，像是尺寸小、口感乾澀、糖度低。可是，經過大幅改良之後，天津桃也以高營養價值而聞名。加上，這次漂過來的桃子非常巨大，極為罕見。因此，應該具有非常高的營養價值。當然，可以想見種子應該也比一般的大很多。總之，這個桃子完全符合老公公滋補養身的需求。

風險分析
●再加上，原本擔心的安全和搬運方面的課題，都有非常有可能克服。
可是，中國特產的桃子至今仍然必須留意農藥殘留的問題。這次的桃子為大型桃，因此農藥附著的面積也較大。此外，從體積和重量這兩方面來推測，這個桃子在搬運上需要普通桃子數倍的勞力。確實，這些都是風險因素，不過農藥殘留的風險只需要靠洗……，不用一般的「環抱式」，改採「背負式」來搬運，也可以克服搬……

……說，將桃子撿回去好處多。
……這個桃子可以解決老公公滋補養身的需求，此外他們也……的風險，因此值得將桃子帶回家。再者，桃子對於女性成人疾病的治療與預……效果，對老婆婆也有好處。不過，這個桃子頗為巨大，必須留意不要吃過頭了。今後，不只是桃子或其他水果，還要以均衡的飲食生活為目標，想出改善策略。最後再補充一點：雖然不常見，但有時候這麼大的桃子裡面會附帶小嬰兒。

如上

主要主題
主要摘要。適合用於長篇文章。
主要訊息
關鍵主題
標題訊息。內容為關鍵訊息。一個分段、一則訊息。
次要訊息，可視情況把它定位成關鍵主題的摘要。
為了表示出標題和內容的差別，文章開頭可空幾個字。
與標題相同的訊息也放入本文中。

題／訊息。相反的，如果你想縮短內容，絕對不能馬上砍掉既存的主題／訊息，因為這會讓你應該提供的重要主題／訊息消失。所以，最好只靠增減說明的部分來調整分量。

■「標題」要犀利，主題甚至可以省略

在這份範例格式中，每個分段在主題後面都出現了大約一行左右的標題，也就是開頭附有「●」的訊息。如果主題與標題這兩者之間必須省略一個，那麼就省略主題，留下標題（訊息）。

當然，能夠留下主題還是比較好。一般來說，寫成主題的東西，通常是「狀況分析」、「需求預測」、「其他公司的狀況」等，都是籠統、不確切的文字。**很少人有注意到可以用訊息作為標題**，非常可惜，因為訊息是明白且引人的句子。

主題即使提示了「你想要講什麼」，但畢竟不是訊息，所以無法傳達出「你正在講什麼」。也就是說，「桃子的有效性」這個表現方式，即使可以傳達出你接下來想要講的是桃子的有效性，卻無法傳遞其內容。但是，如果改成用訊息來表現，那麼就內容來說，「桃子可以帶來滋補養身的效果」十分清楚。然後，在接下來的分段中，繼續鋪陳該訊息想傳達的內容。所以，附在分段前面的標題最好用訊息來表達，效果較佳。

■標題別憑空而出，本文中也要提到

在每個分段的最前面，標題顯示你最想傳達的訊息。因此，你最好能在文章當中再次提示一次跟標題一樣的訊息，但未必要字字相同。很多人誤以為「標題已經提示過的訊息，文本中不必再提及」，這就錯了。請注意，不要將標題兼做本文的結論使用。標題是標題，本文是本文，不宜將標題視為將本文抽象化處理之後的結果。

假使你擔心「本文的開頭就出現與標題一樣的訊息，會讓人感覺重複」，那麼請將本文中與標題類似的訊息，放置在分段的結尾中使用。如此一來，標題和本文結尾的訊息便能夠上下包夾整個分段。這時候，結尾的訊息是用來做確認的，不會讓人有重複的感覺。

簡報，怎麼用金字塔結構呈現？

■構成簡報的基本要素，仍然在金字塔結構之中

接下來，我要說明如何設計簡報。最近幾年，越來越多人喜歡用橫向A4用紙的形式來做簡報。我會先解說個別頁面的設計，之後再解析整體的構成。無論哪一種情況，

圖表6-5 簡報頁面的基本設計

每一頁，放入三種要素。

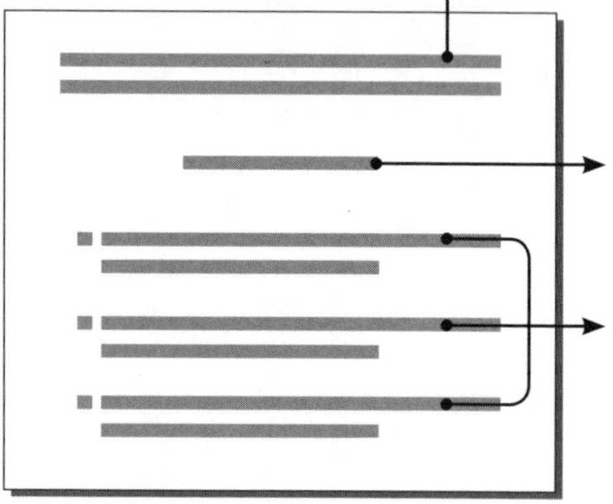

1. 標題
這個頁面中最想傳達的訊息，最長不要超過兩行。

2. 主題
該頁的主題。

3. 支持性的訊息
- 支持標題的訊息。
- 基本上需要三個論點，最多五個。
- 必須非常確定自己用的是直列型或並列型。
別忘了使用邏輯連接詞。

→ 所有的頁面都可以根據金字塔結構設計。

都跟報告形式相同，金字塔結構仍然是基本的構成要素。

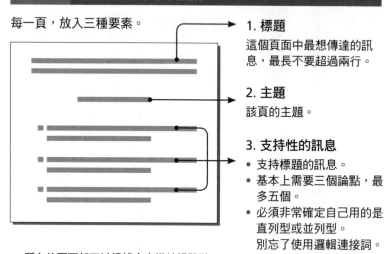

■每一頁都得這麼做：只放三項資訊

請參照上方圖表6-5。製作簡報資料的時候，每一頁都必須放入三個要素，包括：

一、標題。
二、主題。
三、支持性的訊息。

■頁面的頂端放「標題」

在頁面中，標題是你最想傳達的訊息。標題還有其他的名稱，像是「領導訊息」或是「話題句」等。標題要放在頁面的最頂端，分量要控制好，**最多不要超過兩行**，還有注意**字體不要過大**。

很可惜的是，我們看過很多簡報資料都沒有標題。我強烈建議大家，在最頂端一定要放上標題，接收者才能一眼看出你想傳達的訊息。而且只要運用這個做法，即使底下的內容艱澀難懂，或是說明不清不楚，也不會造成接收者的誤解，可以降低傳達錯誤訊息的機率。這個做法跟報告格式中每個分段都附上標題的手法一樣，既能夠減輕接收者的負擔，又可以提高說服力。

當我建議大家可以將標題放在頁面的最頂端時，曾經有人反問我：「可是簡報軟體PowerPoint的格式並不是這樣耶。」我回答他：「即使不遵照簡報軟體的格式，也不違法，所以你不用擔心。」因此，大家可以參考這個準則，然後自行變化。

我遇過有人訝異的提出這樣的質疑：「在我看過的簡報中，老師的簡報是第一個把標題放在頁面的最頂端。以前從來沒看過……。」我回答他：「正因為如此，才有製作的價值。」本來就是如此，如果所有的簡報資料都是同一個樣子，那麼大家就沒必要閱讀本書了。順帶一提，麥肯錫等許多外資顧問公司，也是採用我這種方式來做簡報。

■每一頁都附上一個主題

每一頁都設定一個主題。這個主題就像是訊息的「容器」，為整個頁面做出定義，表示在這一頁中你想說明什麼。雖然文字上不一定會出現「關於……」的字眼，不過主題本身就已經隱含著「關於」之意。而主題就相當於標題。

幾乎所有的簡報都會放上「主題」。可是，我們經常會看到，有人的簡報連續數頁都在說明同一個主題。由於這會造成接收者的負擔，因此我不建議這麼做。

假使你連續好幾頁都在說明同一主題，這或許意味著你的主題範圍訂得太廣，或者在同一個主題中，細部說明的內容放得太多，才使得本文長度過長。總而言之，最好**把每一張頁面都當成一個容器**。

■支持訊息如果是並列型，就要使用「追加」連接詞

支持訊息就是支撐標題的資訊，其內容可以是理由、事例、條件、步驟等，可說是五花八門。然而，這些訊息的共通點在於，它們都以**某種形式來支持標題**。換句話說，我們可以把每個頁面都當成一個金字塔結構來設計。

支持的方式有並列型和直列型兩種結構。並列型是以各個獨立的支持訊息來支撐標題訊息。在並列型的結構裡，每個支持訊息之間的關係較為薄弱，因此多半是使用「追

加」連接詞，例如「加上」、「再者」、「還有」等。

■直列型則使用「追加」以外的連接詞

相對的，在直列型的結構裡，每個支持訊息之間有著緊密的前後關係。在如此緊密的關係中，整個序列最後出現的就是標題訊息。由於有前後關係，因此注意要使用邏輯連接詞來接續，才能凸顯前後關係。

為了要表達緊密的關係，在直列型結構裡面使用的邏輯連接詞，多半是使用順接或逆接的連接詞，例如「因為」、「因此」、「可是」等，而不會出現「追加」連接詞。即使你使用「假設」這種順接附加類型的連接詞，也都不屬於追加型。重要的是要挑選適切的連接詞，在文章中準確的表達出來。另外，**設計直列型支持結構時要記得：最後的支持訊息必須等同於標題。**

依照上面的解說，接下來我們試著將「桃太郎」的例子，轉換成典型的簡報格式。

■整份簡報的格式——第〇頁封面，標出主要主題

在封面上，要標出主要主題（下頁圖表6-6）。簡報封面的最重要任務，在於傳達簡報的開展範圍。有時候，主要主題下面會加上副標。如有必要，會放入簡報的日期、製

圖表6-6 封面的設計

封面上標示出主要主題。

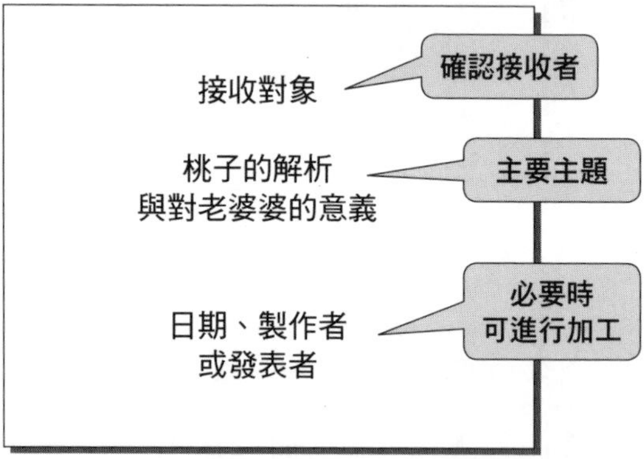

圖表6-7 摘要頁面的設計

開頭標出主要摘要。

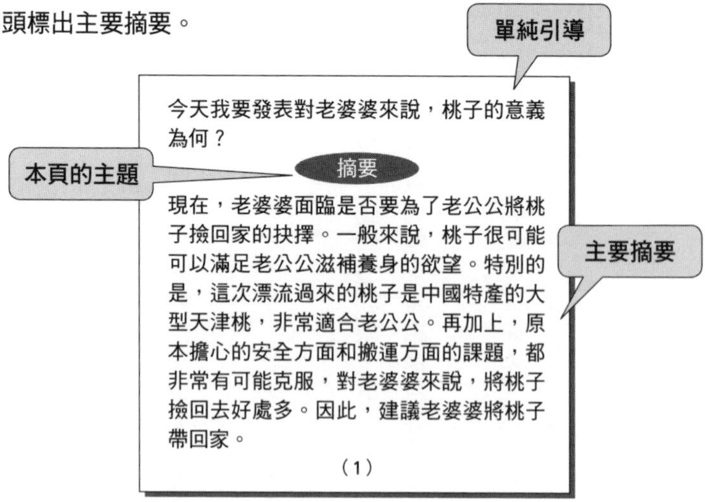

作者和發表者的姓名，或是寫上發表會場的名稱和地點。換句話說，就是確認並記錄「時間、地點、場合」（time, place, occasion，簡稱TPO）。另外，封面通常不會標記頁數，如果硬要標上，就標記為第○頁。

■摘要頁面，一開始就「一口氣」先講完

實質上的第一頁，應該是摘要頁面（右頁圖表6-7）。簡報與報告有類似之處：在資訊量過多的場合裡，如果先寫出摘要，效果會特別好。這個頁面的標題單純作為引導即可，例如「今天發表的報告是關於○○○的調查結果」，一般來說，就只是介紹主要主題而已。

這個頁面的作用在於，提醒接收者：「現在我要開始簡報了。」在這個階段，如果能夠讓對方理解**包含結論的整體故事發展**，對發表者較為有利。而方法是，先設計出在一個分段內可以表達完畢的（故事）分量。假如整個簡報的資訊量過少，甚至可以捨棄摘要頁面，直接從關鍵訊息頁面開始做簡報也無妨。

■關鍵訊息頁面，條列整個內容

接下來，我們要做的頁面包含兩個重點：一、將主要標題之下的主要訊息挪上來，

圖表6-8　關鍵頁面的設計

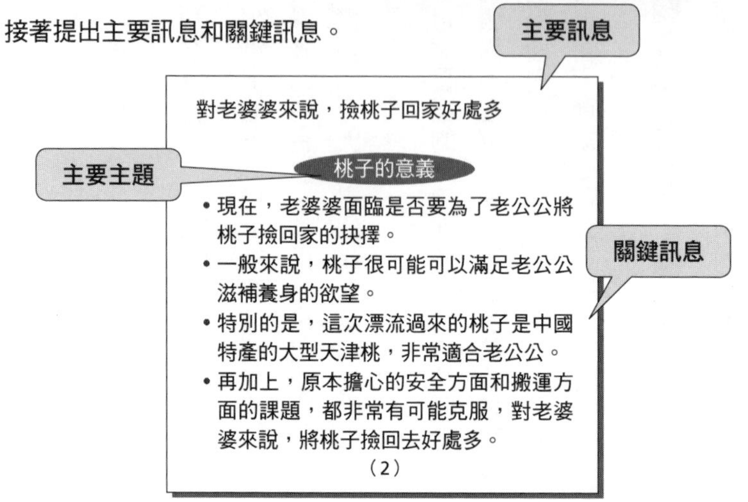

當成本頁標題（圖表6-8）。標題下的支持訊息則寫上關鍵訊息。二、這個頁面的主題就是簡報的主要主題，而支持訊息的內容幾乎與前一頁的摘要頁面相同（只是，摘要頁是敘述式，這頁則是條列式）。

你會質疑，為什麼要重複？但是，假如首頁關鍵訊息的內容，跟主要摘要的內容相差很多，那麼就會發生以下的問題：怎麼簡報的主張這麼快就變了？所以這兩者應該要一致才行。

換句話說，這個頁面**換了另一個視點，再一次提早傳達整體簡報的故事內容**。就設計而言，這個地方應該採用條列式，並且要加進連接每一則關鍵訊息的邏輯連接詞。

這一頁像是「目次」，但並非單純的目次，裡面放的關鍵訊息是要用來當作支持訊息。經常有人在這一頁排列出關鍵主題（主題不是訊息、不是句子），如此一來，這一頁就會真的變成沒有內容的目次了。當然，我的意思並非不能把這一頁當成目次，如果你的簡報沒有頁數限定，當然可以把目次排在關鍵訊息頁的前面。

■一開始就重複，好處多多

或許有的讀者會覺得，講完主要摘要之後，下一頁又要講幾乎一樣的關鍵訊息，會讓人產生重複感。確實，發表者可能會有這種感覺。但是無論如何，發表者本身就是簡報的作者，長時間投入在製作簡報當中，當然相當熟悉內容。

可是，對於接收者來說，這些都是第一次聽到的訊息。而且，在大多數的情況下，接收者都不具備預備知識。此外，也無法確定大家是否會集中精神專心聽。因此，為了保險起見，把分段故事轉換成條列式的綱要，換個視點讓接收者有機會再度理解整體的內容，是很重要的。

從摘要頁面轉換到關鍵頁面時，要用類似「那麼，關於今天的發表，我將分成下面幾個重點向各位報告」這樣的說詞，順暢的銜接簡報頁面。**千萬不要說：「現在我再跟各位重複一次摘要的部分。」**其原因在於，簡報的聽眾最討厭聽到「重複」兩個字（雖

圖表6-9　次要頁面的設計

從這裡開始，要用次要訊息來支持關鍵訊息

關鍵訊息

現在，老婆婆面臨是否為了老公公將桃子撿回家的抉擇。

提示問題

關鍵主題

- 很久很久以前，在某個地方，有一位老公公和一位老婆婆過著安穩的日子。每天，老公公上山砍柴，老婆婆則到河邊洗衣服。
- 老公公身體沒有大礙，可是最近卻開始產生異樣的疲勞感。他對於目前持續勞動的生活開始感到不安。
- 有一天，老婆婆和平時一樣到河邊洗衣服，河川上游漂來一顆很大的桃子。老婆婆面臨是否將桃子撿回家的抉擇。

（3）

次要訊息

然必須重複，他們才可能記得住）。

■以次要訊息支持關鍵訊息

接下來，如同圖表6-9所顯示的，要用次要訊息來支持關鍵訊息。標題用關鍵訊息，主題用關鍵主題，而支持訊息則用次要訊息。然後，只要繼續增加與這個格式相同的頁面即可。假使這些次要訊息又再往下挖掘一層，要談論到次次要訊息，那麼就要多插入下一個層級的頁面。

誠如前述，設計頁面的基本原則，就是要確定自己正在做的是並列型或直列型的結構。如果是**並列型，要在訊息開頭加入「追加」接續，如果是直列型，就要加上「追加」之外的邏輯連接**

詞。然而要注意的是，直列型結構最後的支持訊息，必須和該頁面頂端的標題訊息內容一致。

最後以摘要頁面收尾

將前述的內容做個歸納，就如同下頁圖表6-10。最後，再拿出開頭用過的摘要頁面，效果會很好。如果不用摘要頁面，那麼你可以使用條列整理過的關鍵訊息頁面（第二頁）。然而要注意的是，不要同時把兩頁都放上去，只用其中之一即可。

用最初摘要的內容再次進行確認，可以安定接收者的心理。這時候也請你不要用「再跟大家重複一次」這樣的說法，而是要用「我在這裡，**幫大家整理一下今天簡報的內容**」的表現。

另外，不要忘記將頁面頂端的引導文改成過去式的表現。例如，「以上就是今天我報告的關於……的調查結果」、「今天的發表是關於……的調查結果，報告完畢」這類的句子。到這個階段，簡報可說是圓滿結束。

以上的解說，就是將金字塔結構落實到簡報形式的具體做法。以下是簡報設計的整體流程：

圖表6-10 簡報資料概念圖

整份簡報都以金字塔結構做成。

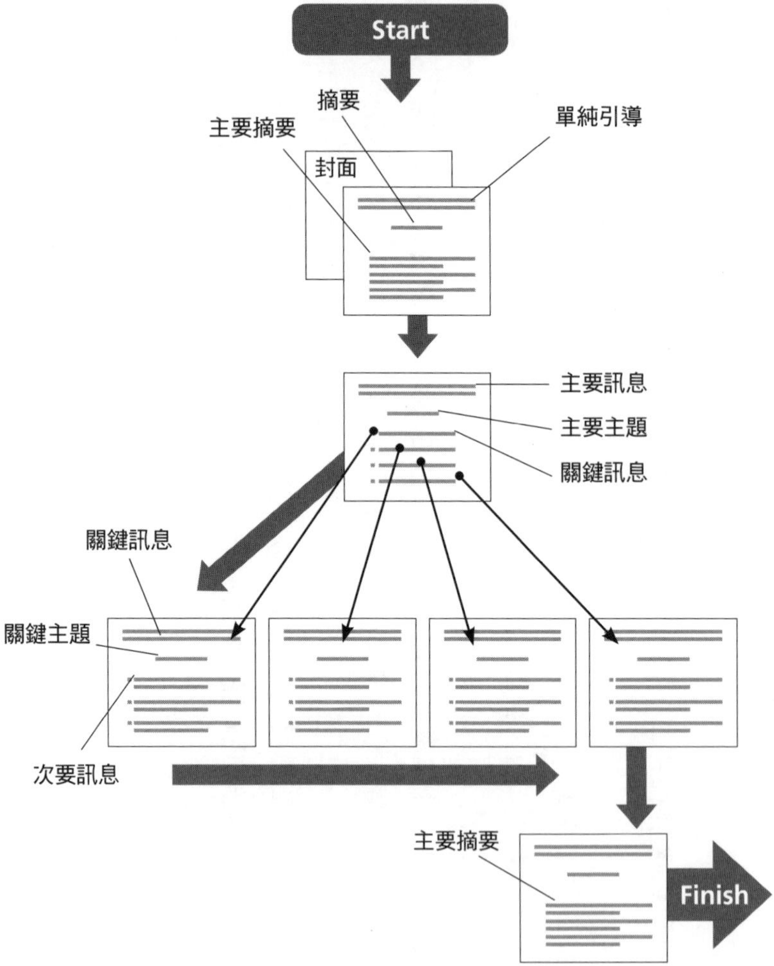

一、首先將想傳達的事物提前擺在前頭。

二、深入描述內容。

三、最後再次確認想傳達的事物。

以金字塔結構來說，這套流程是由上而下式的。至於由下而上式的傳達順序及其重要性，我將在下一章中詳細說明。

第7章

提案與文案的高明說服技巧

邏輯思考，加上心理學技巧，說服人心不必口才犀利

- 訊息傳達，由上而下效果最好
- 問題有三大類，如何提案讓客戶願意掏錢
- 風險，不可能避免，只能管理
- 替代方案該給幾個？提出順序有學問
- 規範訊息如何提高說服力
- 描述訊息，一樣有說服力

在第七章中，我將介紹各種能讓說服力更為提升的技巧。具體而言，包括了由上而下法、問題類型與提案的調整、風險管理、替代方案的數量與提出順序，以及傳達訊息時的命題意識化等。

訊息傳達，由上而下效果最好

■ 商業文書別賣弄懸疑，一開始就講重點

當我們傳達訊息給對方時，不管是結論或是摘要，如果能夠在論述完主張之後提出詳細的根據，那麼說服力將會大幅提升（左頁圖表7-1）。以金字塔結構來說，「由上而下」的說明方式效果最好。所謂「由上而下法」是指從金字塔頂端往下，先傳達主要訊息，接著是關鍵訊息，再來是次要訊息。

由上而下法的傳達順序，用於演講、簡報等口頭上的溝通，或是文書上的溝通，都非常有效。就如同在第三章學過的，設計訊息的方法有由上而下法以及由下而上法。不過，**在傳達最終訊息給對方的階段中，由上而下法最具有效果。商業文書最好不要製作成像推理劇或懸疑劇，直到最後才揭曉謎底。**

圖表7-1 故事的傳達順序

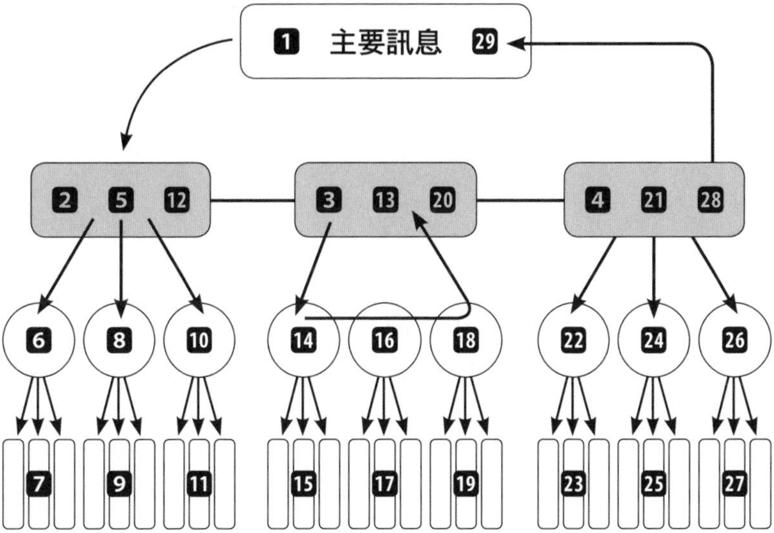

- 主要訊息放置在最頂端，由上而下傳達。圖例順序為參考。
- 直列／並列金字塔可以混合使用。
- 為了使訊息的連結明確，應使用邏輯連接詞。

故事的傳達順序

1：　先傳達主要訊息。
2至4：整個流程在傳達關鍵層級的訊息。
5：　回到最初的關鍵訊息。
6至11：按照「次要訊息、次次要訊息」的順序傳達。
12：　再次確認關鍵訊息。
13至28：與5至12的順序相同，傳達下一個關鍵訊息。
29：　最後再次確認主要訊息。

■「商用」故事的說明順序RSCQOR

因此，實際上的故事展開順序是R、S、C、Q、O、R，也就是從導入結論開始。換句話說，從主要訊息R（解決、收尾）說起，接著是S、C、Q、O（狀況↓問題↓課題↓克服），最後再以R收尾。

而另一種方式，則是開頭先說明整體的摘要，然後再以S、C、Q、O、R依序展開訊息。這時候，開頭的摘要中也有R的內容，也就是說，一開始就傳達包含結論的整體摘要。

■由上而下，先說結論讓對方安心

為什麼我會鼓勵大家使用由上而下法呢？

第一，這種方法可以減輕接受者的負擔。由上而下法是由主要訊息開始，因此接受者從一開始就知道傳遞者的最終結論，以及想要傳達的訊息為何。所以，接收者不必煩惱「傳遞者（也就是你）到底會朝著哪個方向進行」

如此一來，接收者就可以安心的讀取、聽取細部的說明。即使聽不太懂後面的內容說明，接收者只要先知道結論，就可以產生一定的安心感。由上而下法的傳達方式，是傳遞者一開始便告訴接收者目的地，然後再說明到達目的地的途徑。一般來說，這種方法容易讓對方放鬆心情來讀取或聽取訊息。**如果對方可以安心的接收資訊，那麼你的說服力自然大幅提升**。故事展開的基本原則，就是減輕接收者的負擔。

■由上而下，借用對方的思考能力

由上而下法的說明方式，不只可以減輕接受者的負擔，還有另一項優點，就是可以將對方的思考能力化為己用。絕大多數的情況下，接收者都期待能了解你說話的內容。因此，只要一開始將結論傳達給對方，**對方自然會運用他的思考能力，想辦法幫助我們將後續的說明連結到結論上**。

即使後續的說明並不完整，或是多少出現難以理解之處，我們仍然可以指望接收者運用他自己的知識和想像力，來幫助我們補足（在心理上、視覺上自動補足缺少的部分，是人類的本能）。接收者幫忙傳遞者說服他自己，對傳遞者來說，沒有比這更好的事了。

■由下而上說明，勾起的是敵意而非興趣

由下而上法的說明方式，跟由上而下法完全相反，壞處比較多。也就是說，由下而上法會增加接受者的負擔，並且將對方的思考能力化友為敵。

以金字塔結構來說，由下而上法的說明方式，是傳遞者從次要訊息說起，然後是關鍵訊息，最後才說出最想傳達的重點。換句話說，接收者不但無法預期內容的發展方向，還得一開始就要仔細吸收細部資訊。結果，接收者被迫必須自己了解細部資訊，甚至被迫要了解未知內容的發展方向。

這種傳達方式會讓接收者產生不安。甚至，當他們無法理解細部資訊時，便會喪失繼續讀取、聽取訊息的意願。

■由下而上法，難怪大家看資料不理你

在研習簡報技術的場合裡，我經常被問到一個問題：「聽眾完全都不看發表者，而是盯著發下去的資料一直讀下去。這很傷腦筋，該怎麼辦？」

確實，如果提出的文書是書面報告，那麼即使接收者從最後面開始讀起，也不會妨礙到寫作者。可是，在簡報的場合裡，聽眾自行啪啦啪啦的翻著資料閱讀，好像完全無視於發表者的存在，對發表者來說，絕不是什麼愉悅的光景。

聽眾之所以自行閱讀發下去的資料，原因是在聽你述說細部資訊之前，他們想先知道結論到底是什麼。事實上，很多簡報都是採用由下而上法來進行說明，也就是不到最後便不知道結論，聽眾為了安心，就會自行閱讀手邊的資料。如果簡報是採用由上而下

法，也就是從結論開始說明，那麼聽眾很可能會將注意力轉移到發表者身上。雖然一定還是有人會拚命閱讀發下去的資料，不過這種情況多少能夠有所改善。

■別讓他一路猜結論

除此之外，由下而上法的說明方式，隱藏著將聽眾的思考化友為敵的危險。在由下而上法的說明中，接收者先從細部資訊開始接觸。這些資訊一定是資料類的記述訊息比較多，而記述訊息原本就是容許接收者做出廣泛解釋的一種訊息。因此，聽眾可以自行任意解釋資訊。

於是，接收者很可能在簡報的初期階段，便自行推導出與傳遞者意圖相反的結論。結果，在傳遞者最後提示出結論之前，接收者已經做出自己的結論了。而且，他們的結論通常與傳遞者大相逕庭。

■慢慢導入結論，會害你無暇捍衛自己的觀點

儘管由下而上法有缺點，由上而下法有優點，但是大多數的人都喜歡用由下而上法來做簡報。為什麼他們喜歡用由下而上法呢？我設想出幾個理由：

第一，可能是後輩看到前輩都這麼做，覺得這樣不錯，於是就學起來了。因此，由

下而上法就是這樣傳承下去（雖然是負面的技術傳承）。

第二，發表者通常有這種心態：「我怕如果我先講結論，但是我的結論與接收者所想的不同，他們可能會反駁。」沒有錯，聽到聽眾嘀咕：「真的嗎？不是這樣吧！」真的很討厭。甚至，可能還沒開始說明內容就被嗆聲，確實很令人難受。大概是因為這種不安的感覺，大多數的發表者才會想用由下而上法：「先從根據開始說明，然後再慢慢引導對方到達結論。」

但是，如同前面所述，事情總是事與願違。結果，由下而上法反而加重了接收者的負擔，並容易將他們的思考能力化友為敵。

換個角度想，即使接收者一開始就對結論抱持疑問，由上而下法的說明方式還是可以讓你有機會，趁對方的立場尚未堅定時說服他。也就是說，你有機會可以改變對方的想法。

相反的，由下而上法是以細部資訊為基礎。你希望對方聽完你的解釋後，能鞏固你的結論，所以他得到最後才知道你的想法。但是，假如他到最後才下判斷「你說的結論不對！」，你就沒有挽救的機會。如果場合是一場簡報會議，情況很糟糕的話，搞不好大家會從原本的質疑和提問，逐漸擴大成為辯論，導致原本贊成結論的聽眾，反而被拉攏到反對派去了。

由於由上而下法比較容易迴避這種情況，因此面對不同想法的接收者，這種方法具有規避風險的效果。

■想讓他吃驚，或是傳遞負面消息，才由下而上說明

當然，我並不是說由上而下法在任何情況下都是萬能的。每件事都有例外，在某些特殊情況下，例如你的主要訊息會讓對方大吃一驚時，就適合用由下而上法來說明。

舉例來說，如果你要傳達的訊息是「對方得了很嚴重的病」，那麼你就要依據情況，將結論往後挪，最好從外圍開始說明症狀。如果你劈頭就說出結論，說不定對方受到驚嚇後，壽命變得更短。不過，這樣的例子並不多，因此傳達訊息最好還是使用由上而下法。

問題有三大類，如何提案讓客戶願意掏錢

■高價商品或服務怎麼銷售？想想「防杜潛在型問題」吧

當你的提案與營業活動息息相關時，你會發現隨著提供的商品或服務的價格不同，

解決策略也會因為問題類型不同而有所改變。特別是當你提供高價商品或服務時，更是如此。例如，大型電腦、工具機、生產線等高額的生產財，以及大規模資訊系統、經營顧問等高額的服務。

在提出高額商品或服務的提案時，應該提供哪一種類型問題的解決策略給對方呢？我們該如何定位這些高額商品或服務？

各位讀者認為呢？我先說結論：一般而言，從成本效益和迫切性來看，相較於恢復原狀型或是追求理想型，把問題類型定位成防杜潛在型，效果會比較好。

■沒有顧客願意花大錢只為「恢復原狀」

通常，購買商品或服務時，買方做決定的關鍵在於，買了之後成本與效益能否平衡。特別是高價，也就是高成本的商品、服務，如果沒有產生相對應的效益，買方可就傷腦筋了。因此，這些高價的商品或是服務，一定要能夠解決買方的重大問題才行。

當我們想要修復不良狀態，也就是說，在處理恢復原狀型問題時，確實有些時候問題很龐大，但是大部分的場合裡，所謂的不良狀態都只限定在局部而已。因此，**如果將高價商品與服務，投資在恢復原狀型問題的解決策略上，經常會出現不合成本的狀況。**

例如，大樓空調系統如果壞掉，只要更換特定部位的零件即可，不用特別對整體系統做全面翻修。

■你想幫他追求理想，結果他把你延後處理

那麼，如果將高價商品或服務，定位成「追求理想型問題」的解決策略又是如何？「使用這項商品或服務，可以實現你的理想！」確實，傳達這樣的訊息給對方，從實現理想的角度來看是加分的。原因在於，即使商品或是服務價格昂貴，但這些東西往後可能產生更大的效益。也就是說，從成本效益的觀點來看，對方很容易對你的商品或是服務做出正面的評價。

可是，這樣的定位有一個很大的障礙，那就是缺乏迫切性。即使日後真的符合成本效益，但是此時此刻，對方還是會質疑：「真的會產生這些效益嗎？有的話當然很好。可是比起這個問題，本公司還有更多需要優先處理的問題。」然後，可能這個提案就被一腳踢開。

換句話說，**追求理想型問題的解決策略，最有可能的結果是遭到延後處理。**

■效益很大、情況迫切，為潛在問題花大錢

把高價商品或服務的營業活動，定位成「防杜潛在問題的預防策略」，最有效果。

原因在於，就解決策略來說，對方可以從成本效益和迫切程度兩方面，來正當化自己購買高價商品或服務的理由。

防杜潛在型問題的情況是，如果將問題放置不管，問題會隨著時間持續惡化。**而防杜潛在型問題的不良狀態，可說是不會在當下浮現的「假設」，因此問題容易被放大**。

就「問題容易被放大」這一點來說，並非要你故意讓對方得到被害妄想症，或是欺騙他，而是要你說服對方，如果將這些問題放置不管，有可能會衍生出更大的問題。當防杜潛在型問題的不良狀態被放大，意味著作為預防策略的高價商品或服務的成本效益，更具有正當性。再加上，從迫切與否的觀點來看，將問題放置不管，會使問題變得更加嚴重。如果能夠用這個方法來誘導對方，更能夠提高說服力。

■教我賺一百萬，不如教我怎麼不賠一百萬

將高價商品或服務定位成防杜潛在型問題的策略，其原因在於比起獲得利益，一般人在心理上更希望能迴避損失。例如，相較於得到一百萬的喜悅，失去一百萬所造成的心理衝擊更大。

所以，相較於得到一百萬的喜悅，一般人更希望能夠迴避失去一百萬的風險。這是我們在日常生活中會經驗到的心理現象。在學術上，二〇〇二年諾貝爾經濟學獎得主暨

行為財務學（behavioral finance）學者丹尼爾・卡納曼（Daniel Kahneman）等人所提倡的「前景理論」（Prospect Theory），就是在探討這種心理。

因此，相較於可望獲得利益的追求理想型問題解決策略，把高價的商品或服務定位成**能迴避同額損失的防杜潛在型問題策略**，接收者在心理上比較容易接受。

請大家回想我在第四章後面，「發現問題和設定課題」的部分所舉出的例子（見二〇〇頁）：C先生是業務員，在某大型銀行的投資部門負責法人顧客。剛開始，C先生面對某位客戶，心想：「應該要跟他談論積極的內容。」於是，花了一些時間向客戶介紹幾家併購標的，說明透過企業併購可以提升營業額，促進公司更進一步成長。結果，對方雖然肯聽C先生說明，態度卻顯得猶豫不決。

之後，C先生改變提案的定位，開始介紹可以避免成本擴大的併購案，結果客戶非常有興趣。換句話說，提升營業額的追求理想型問題解決方案，無法奏效，於是C先生將高價的商品（服務），定位成迴避損失的防杜潛在型問題，終於引起對方的興趣。這是從成本效益與迫切性雙管齊下，最終獲得成效的例子。

■防杜問題的後頭跟著追求理想，效果更好

在第四章中，我們學過每個問題類型之間都是有關聯性的。因此，如果能在預防未

來不良狀態的策略上，加上追求理想的要素，效果更好。

所謂「預防未來的不良狀態」，說穿了就是維持現狀。因此，我們可以在談到預防不良狀態時，更進一步提及追求理想。我們藉此彰顯自己提供的策略，不但能夠替對方維持現狀，還可以變得更好。如此一來，實現理想的部分就會變成附加優勢，更能說服接收者。

同樣的，在恢復原狀型的問題之中，我們不要只將目標設定在恢復原狀，可以設定在更高層次，往追求理想的方向發展。像這樣，**先以某個特定問題類型為立足點，同時思考結合其他好處，可以進一步提升說服力。**

■公司高層只想「追求理想」，別跟他維持現狀

當然，並非把所有的提案都定位成防杜潛在問題的策略，就不會有任何問題。在某些情況下，把提案定位建議追求理想，好處會更多。尤其，對公司內部的經營團隊構思提案時，多半必須如此。

為什麼呢？如果你將提案定位成恢復原狀的根本處置，即使公司高層認同你的提案，他們頂多覺得「改善不良狀態是理所當然的事」，並不會特別高興。如果你提出防杜潛在型問題的解決策略，他們也會覺得「理所當然」。其原因在於，經營團隊大都期

待：「還有沒有其他更具前瞻性的東西？」

可是，實際負責做事的職員多半會集中精力於眼前的問題。在大多數的場合裡，這些問題若不是屬於恢復原狀型，就是屬於防杜潛在型的問題。處理眼前迫切的問題是理所當然的，可是回應對方的期待也很重要。

如同前面所述，處理恢復原狀型的問題時，不只是將事物復原而已，還要追求進一步的改善。在防杜潛在型的問題中，不要在維持現狀這一步停下來，還必須提出包含追求理想的提案。如果你的提案對象是公司高層，請記得加入追求理想的要素。**多數的經營團隊想要的東西是成長策略，或是可以引起股東興趣的「股權故事」**（equity story，即「成長」）。

別固執於你的認知，對方的認知才是重點

總而言之，當你的提案設定為「解決問題的策略」時，最好先站在對方的立場想，如此才能設計出與對方頻率相同的文書。如同「SCQOR」故事展開順序當中的C，我曾提過：**你的文書內容必須符合對方認知的問題類型（生認同、起共鳴）**，效果才會出來。

明明接收者對於問題的認知是「事物已經呈現不良狀態」，而你卻一直跟他提「雖

然目前尚未出現不良狀態，但應該追求進步」，這樣只會讓對方覺得「你完全在狀況外」。同樣的，你認為「不良狀態已經明顯浮現」，接收者卻仍然相信「情況很好，沒有任何不良狀況，目前沒問題」。那麼，你的故事展開就應該採取追求理想型，才會有效果。

為了增加說服力，你千萬不要固執於自己對於問題類型的認知。還有，也沒有必要改變對方對於問題的認知。與其這麼做，倒不如迎合對方的認知才是上策。

風險，不可能避免，只能管理

■不能只說利多，解決方案必有風險

伴隨著替代方案而出現的風險，如何傳達給對方明白，也是你展開故事的重點工作。當我們提出某種行動的提案時，當然不可能不告訴對方利多在哪裡。可是，連風險也要告訴對方嗎？還是瞞著他？

你覺得採取什麼樣的基本態度才對呢？確實，有人會認為「俗話說，眼不見心不煩，還是不要告訴他比較好」，或是「被問到再說」。

就邏輯表現的基本態度來說，我鼓勵大家把風險告訴對方。因為**現代人的共通屬性之一就是多疑**。最聰明的做法是，假定一般的接收者疑心病都很重。只要假定對方多疑，那麼「眼不見心不煩」這句話就不成立了。當你傳達越多的優點，接收者越會猜想「這裡頭應該有很大的風險」。

另外，「被問到再說」的想法其實也很危險，因為我們不能保證接受者一定會發問。或許，對方會想：「他都光講一些好康的，背後一定有很大的內情，我看還是算了吧！」所以，就基本態度來說，不光是利多，最好連相關的風險也要一併傳達給對方，才是上策。

■「萬一……怎麼辦？」的疑問，不可閃躲

傳達訊息的基本態度是不隱瞞風險，但應該選在什麼樣的時機，還有該怎麼傳達才好呢？傳達的時機應該是越早越好呢？還是等到最後再說出來比較好？

決定傳達時機的重要因素，是接收者對於風險的認識程度。

例如，接收者非常擔心某個主題帶來的特定風險，這時我們應該怎麼做？如果遇到這種情形，當然是越早說越好。因為你越晚說出來，只會越增加接收者的擔憂。當這件事一直在他心中卡著時，即使你後面的訊息內容再好，對方的意識仍然集中在自己擔心

的事情：「萬一……怎麼辦？」，如此一來，就算你的內容很棒，傳達到接收者那裡，都大打折扣。

以房屋仲介的業務員為例，假設消費者在購買房屋時，特別擔心房子的耐震度，那麼業務員在強調房子其他的優點之前，應該先傳達推薦案的耐震度，效果會比最後說出來還好。相反的，如果對方沒有特別擔心的部分，業務員就沒有必要提早說出風險。這時候，應該先傳達優點，後面再說風險，然後在結尾時再強調一次優點。

■可以迴避的話，就不叫風險

除了傳達的時機之外，另一個提高說服力的要點是：如何傳達風險。雖說在程度上有所差異，但是提案（即行動）必定伴隨著風險。當我們要說明風險時，應該傳達什麼樣的基本訊息給對方？對於提案的人來說，當場應該如何傳達風險？

有人認為：「必須想出策略，讓對方迴避伴隨著提案而來的風險」。可是，如果風險可以一〇〇％迴避，那就不叫風險。**正因為它無法完全迴避，才稱作風險**。因此只要是風險，你就不太可能傳達出能完全迴避的訊息。風險的本質，就在於它的不確定性。

對方容許的風險範圍才是重點，你掛保證沒用

從包含風險的利空因素來看，有人主張「將風險與利多做比較時，就告訴對方利多遠高於風險，或者風險相對小於利多即可」。這一點非常重要。假如我們把利空當作成本，利多當成效益，那麼若是一個提案不符合成本效益，不論你是推薦或是實施它，都不是一個聰明的舉動。

因此，當你提出有關風險的訊息時，一定要「衡量包括風險在內的成本效益」。但是再怎麼說，這樣的訊息也只是將效益與風險之間的相對評價加以比較而已，對於風險的說明還不足夠。

為什麼光有效益與風險的相對評價還不足夠？這是因為相對評價並非風險本身的評價。不論你再怎麼說明風險已低於效益多少，這都只是相對評價。如果對當事者來說，這種風險已經超過他的容忍範圍，那麼你該怎麼辦？相較於效益，提案中的風險或許真的小很多，但是萬一這種風險仍然是對方不可承受之輕時，問題就產生了。

總而言之，想要誘使對方實行帶有風險的提案時，**一定要傳達「風險在當事者可容許的範圍內」的訊息才行**。並且，還要確保對方能夠充分理解，如此一來，他們才有可能同意我方的提案。

■損害時的金額與發生的機率，決定是否承擔風險

那麼，傳達什麼樣的訊息，才能讓對方明白該風險在可容許範圍之內？一般來說，**表現風險容許程度的方法有兩種：風險發生後受到的損害程度，以及發生機率**。如果發生損害過大，風險的容許程度就低；相反的，損害越小，容許程度就越高。

不管是在金錢上、心理上、物理上的損害，每位當事者承受風險的能力都不相同。因此，同一等級的衝擊對不同的當事者來說，損害也不同。一位訓練有素的職業拳擊手，即使隨便揮出一拳，對一般人來說，都可能會造成嚴重的傷害。

除了損害的嚴重度，損害發生的機率也是影響容許程度的重要因素。如果損害發生的機率很高，風險容許程度就比較低；相反的，損害發生的機率越低，容許的程度也就越高。

將發生損害的嚴重程度和發生機率相乘，可以算出預期損害，你可以藉此比較各個替代方案的風險。

①如果損害發生後造成的傷害大，而且發生機率高，則風險高。

②相反的，如果兩者皆低，則風險低。

比較麻煩的是以下這兩種卡在中間的情況：

③傷害小，但發生機率高。

④傷害大，但發生機率低。

假使是③的情況，比較容易做風險分析，因為可能造成的傷害很小，所以即使損害真的發生了，對當事者來說衝擊也沒那麼大。就像買彩券一樣，心理的負擔比較低。

■承擔風險時，只看金額、別管機率

比較麻煩的是④的情況：傷害大，但發生機率低。基本上，假如損害發生後造成的傷害很大，那麼即使發生的機率低，我們最好還是判斷該風險為無法容許的風險。

如果有一〇％機率的風險會損失一千萬，不管它的效益與風險衡量比較的結果如何，你必須仔細考慮對方是否有能力承受一千萬的損失。一千萬乘以一〇％，可以計算出預期損害是一百萬。或許對方認為他們能夠承受一百萬的風險。

可是別忘了，真正發生損害時的金額是一千萬，而不是一百萬。一千萬乘以一〇％確實只有一百萬，但是這一百萬的預期損害金額完全是想像中的金額。實際受到損害可是一千萬的損失。這就像當氣象報告說「今天的降雨機率是三〇％」時，可不是說你身體三〇%的部位會淋濕，而是一淋濕，就是全身一〇〇%全都淋溼。

在比較各種行動的風險時，雖然計算預期損害的方法很好用，可是除非發生的機率小到可以忽略或不管，否則**最終能否容許該風險，還是得依據實際受到損害的程度來下判斷才行**。

■什麼時候可以不提到風險

是否有例外的情況，可以刻意不說明風險？答案是有的。假如對方十分了解提案的風險，只不過正在猶豫該不該答應時，你就可以這麼做。這時候，可以刻意不要碰觸到關於風險的說明，不斷強調利多，就像從後面推他一把一樣。

在這種情況下，最重要的是確定對方是否完全理解提案的內容，是否有能力足以承受提案的風險。如果沒有這兩項前提，而提案者卻又故意不提及風險，這就等於是在欺騙對方。

替代方案該給幾個？提出順序有學問

■單一選擇就是沒得選，會吃閉門羹

如果沒有一個以上的項目可供選擇，也就是沒有比較的對象，我們很難對事物做出評價。我們平常能對周遭事物和現象做出評價，是因為它們都有比較的對象。有好消息，也有壞消息。有失敗，也有成功。有快樂，也有痛苦。

所以，不管你再怎麼強調某個問題解決方案的優點，接收者只會想：「你說的優點我已經知道了。可是，我想和別的策略比較看看，難道沒有其他的方案可以選擇了嗎？」假如對方沒有選擇的餘地，一定會覺得自己被剝奪了自由選擇的權利。

所以除非逼不得已，否則**最好避開沒有別的方案、提案只有單一選擇的情況**。一定要有比較的對象，否則一般人很難下決定。

■你給的替代方案，以三個為原則

如果單一選擇的提案不好，那麼應該要準備幾個才夠？向對方提示替代方案時，以三個為基本。其原因在於，如果提案超過三個，接收者容易陷入資訊過多的情況，很難下決定。可是一般而言，人們卻常以為選擇的項目越多越好。

如果選擇項目過多，接收者會猶豫不決，不知該用哪一項作為比較的對象，結果反而延後了決定。即使沒有延後下決定，但是像消費財這些東西，如果選擇項目太多，消費者在不知道哪個好、哪個不好的狀況之下，為了免去研究比較之苦，通常會選擇銷路較好的商品。所以，像是家電或食品，通常銷路好，商品會越賣越好。

因此，為了取得選擇自由和理解度兩者之間的平衡，提示替代方案時，基本上以三個為原則。

■第一個提出來的方案，會產生心錨效應

假設解決策略有很多種，這時候你提出的順序將深深影響接收者的決定。特別是第一個提出的提案最為重要。原因在於，最初的提案會先登錄到接收者的腦中，成為後面提案的評價基準。換句話說，他已經被灌輸了某種程度的「行情概念」。接收者很容易用最初認識的提案，來比較後面出現的提案孰優孰劣、誰貴誰便宜。

以最初的項目作為比較基準的效應，在心理學上稱為**心錨**（Anchoring）。「錨」是停船的器具，換句話說，最初的提案就像一個錨，會限定我們的思考。如同前面所述，我們總是傾向將事物互相比較；反過來說，如果沒有比較的對象，我們就比較難以做出評價。最初的提案就是比較的出發點，越到後面，它便會慢慢的產生影響力。

例如，我們在餐廳點酒，如果服務生一開始先介紹一瓶五萬日圓的酒，然後再介紹兩萬日圓的牌子，我們會覺得後者比較便宜。相反的，如果他一開始先介紹八千日圓的酒，然後再介紹兩萬日圓的酒，我們便覺得後者貴。同樣都是兩萬日圓的價格，但是卻因為比較對象的參考價格，改變了我們對於價格的印象。

不只是價格，用在事情的複雜度上也有同樣的效果。如果先講複雜的內容，再講普通的內容，那麼後者聽起來相對簡單。反過來說，如果先講簡單的內容，再講複雜的內容，那麼後者聽起來相對困難。溫度也是一樣，將習慣了熱水的手放進溫水中覺得涼，但是如果手先放入冰水，再放入溫水中，則會覺得熱。

心錨效應就是一種對比效果。所以，你可以先思考，希望對方如何評價你的替代方案，然後再決定提案的順序。有些餐廳的菜單就是利用貴的菜作為誘餌，誘導客人選擇第二貴的菜，請小心。

■第一印象，通常也是永遠的印象

心錨效應說明了第一印象的重要性。其實，不限於問題的解決策略，在所有事物或現象的評價上，例如公司、人物、都市、店鋪等，第一印象的效果最重要。換句話說，在印象尚未形成之前，該如何定位自己的商品、服務，是行銷上最重要的課題。

其原因在於，第一印象會長時間影響顧客對於商品或服務的印象。刻進腦海中的最初印象，就像是一個濾網，一旦濾網成形，我們只會讀取到能夠通過濾網的資訊，很難讀取到不合乎印象的事物。而且，**第一印象會隨著時間，越來越強烈**。

在經濟活動中，有個著名的案例，顯示出第一印象的重要性，那就是麥當勞登陸日本市場的例子。麥當勞在一九七一年七月進軍日本，一號店開在銀座三越百貨的一樓，是面向熱鬧大街的外帶型店鋪。換句話說，麥當勞將地點選在代表著流行尖端的銀座正中央，而且還是在一流百貨公司的一樓。

這就是日本人初次認識到麥當勞漢堡的情況，店鋪的立地無形中醞釀出漢堡為都會時尚食物的印象。按照美國總公司的指示，原本店鋪應該設立在郊區。不過，當時獲得麥當勞日本連鎖加盟權的藤田商店社長藤田，改變了這項決定。

還有，現在已經是高級飾品代名詞的黑珍珠，也因成功經營出第一印象而成為有名的案例。號稱珍珠王的薩爾瓦多・阿賽爾（Salvador Assael）在太平洋戰爭後，將原本銷路不好的大溪地產黑珍珠，移至紐約第五大道的高級珠寶店販售，成功製造出黑珍珠超越白珍珠的印象。雖然，現在黑珍珠經大量生產，已不再高不可攀，不過當初打造地位所產生的效應仍然持續到今天。

然而，據說黑鑽石比白鑽石的價值低，大概是因為黑鑽石給人「黑炭」的印象比較強。所以，大家要牢記第一印象的重要性。

■一般人喜歡中庸，請給他不上不下的選項

雖然也有例外，但是一般人討厭兩極化的選項，傾向選擇中庸。日式料理的套餐如果分為「松」、「竹」、「梅」這三種等級，一般人會傾向選擇「竹」。因為一般人大概都是這種心理：「最糟的情況是選到又貴又難吃的。不過，即使東西便宜，萬一吃起來不好吃的話，也很掃興。如果選擇中間的，味道可能普普通通，但即便選錯了，損失也不會比選貴的東西來得嚴重。」

既然如此，我們在準備替代方案時，最好設計出上、中、下三種選項，而且**把你最想要推薦給對方的選項，放在中間的位置**。另外，湊齊上、中、下三種選項，還能夠讓中間選項與心錨效應，產生出相乘效果。也就是說，除了一般人本來就傾向於選擇中間選項之外，中間選項還反映出「比上便宜、比下高級」的效果。

萬一對方深信「貴的東西比較好」，是屬於一點豪華主義型的人（譯注：對於某樣自己有興趣的事物，投注所有經費，其他事物則相對簡約），那麼預先準備的「上」就派上用場了。相反的，如果對方的預算較為吃緊，本身又是節儉的人，那麼「下」的選項便可以發揮功效。

規範訊息如何提高說服力

■你的想法和他的命題一致，才可能說服他

最後，我們要學習可以提高訊息說服力的技巧。我先說明如何在提案中使用規範訊息，再解釋記述訊息和評價訊息。

就算你的資訊是根據事實、正確無誤，但是光用規範訊息：「你應該……」、「貴公司必須……」來表達，也未必能夠提高說服力。你必須訴諸對方自身已經明白、內化的行動原理，也就是他心中對於**「規範」的命題**的理解（譯註：邏輯學用語，表示「語義」、「所表達的概念」之意），如此一來，你的根據才能說服對方。換句話說，對方的行動原理原本就潛藏在規範訊息背後（左頁圖表7-2）。**根據與結論之間，必定存在連接兩者的「命題」**。

我們對規範訊息的命題，是基於一般人的行動原理而成型。當行動原理普遍化之後，便可稱之為「規範命題」。

因此，提升規範訊息說服力的祕訣在於，先設想對方的規範命題為何，然後再提出呼應這項命題的根據。接著，我們就來學習論證規範訊息時不可或缺的規範命題。

圖表7-2 規範訊息的論證

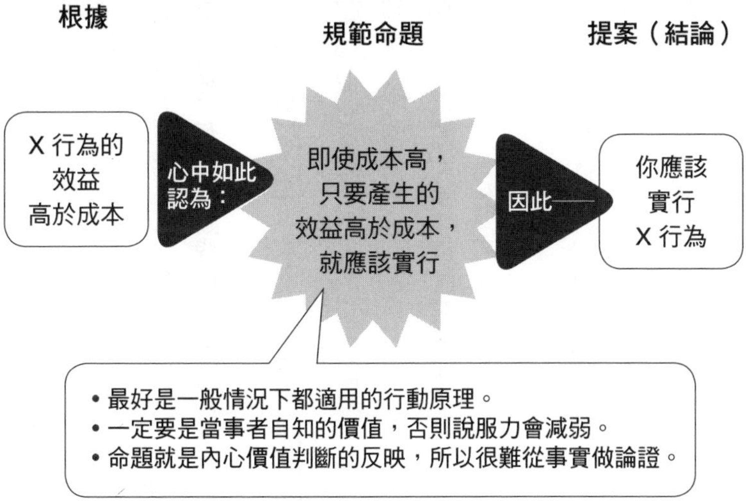
根據
規範命題
提案（結論）
X 行為的
效益
高於成本
心中如此
認為：
即使成本高，
只要產生的
效益高於成本，
就應該實行
因此
你應該
實行
X 行為
• 最好是一般情況下都適用的行動原理。
• 一定要是當事者自知的價值，否則說服力會減弱。
• 命題就是內心價值判斷的反映，所以很難從事實做論證。

■規範命題——人在無意識中的行動依據

我們在做出某些特定行動時，幾乎沒有例外，總是無意識的根據以下規範命題（人的行動原理）產生動機：

「我們應該盡量迴避會帶來損害的行為」。

「應該做對自己有利的事」。

「不應該恩將仇報」

「應該遵守約定」。

「不應該違反規定」。

「部屬應該遵從主管的指示」。

「應該盡責」。

除了手碰觸到燙的東西會縮手這類反射行為之外，人在下意識行動之際，必定也是遵循著某些規範命題。

曾有一位研習學員回應我說：「我完全沒有規範命題或行動原理可言，因為我純粹追隨周遭的人行動。」我答道：「其實，你的行動背後潛藏一個清楚的規範命題，那就是『我應該和周遭的人一樣行動』的行動原理。」對方接受了我的回答。因此，我們可以假定，**在所有的行動背後，必定存在行動原理，也就是規範命題**。

■善用規範命題，不下命令也能改變行為

規範命題就是一個人的行動原理，是連結根據（一種描述）以及結論「應該……」（規範訊息）的橋梁。

例如，母親對讀小學的孩子說：「今天很冷，穿太少會感冒（根據），記得穿毛衣出門（結論）」，這句話包含了以下的規範命題：

「應該避開會損害健康的行為」。
「應該實行能維持健康的行為」。
「父母親應該擔心小孩子的健康」。

例如，蔬菜店的老闆對著買菜的家庭主婦說：「今天白蘿蔔和小黃瓜特價，不買妳

就吃虧了（根據），買些回去吧（結論）。」這句話包含了以下的規範命題：

「應該選擇有利的行為」。

「應該迴避有害的行為」。

例如，主管對部屬說：「報告書的期限就快到了（根據），千萬不要遲交（結論）。」這句話包含了以下的規範命題：

「應該遵守約定或規則」。

「不應該違背約定或規則」。

因此，記述和評價這兩種描述性訊息是「根據」，規範訊息則是「結論」——應該如何。而規範命題就是指連接這兩者的行動原理。當我們論證規範訊息之際，必定存在這個規範命題。由於規範命題是連結規範訊息（應該……）的橋梁，所以就訊息的種類來說，規範命題本身也屬於「應該……」的規範訊息。

■善用規範命題——對方無意識，你得意識化

平常，我們不會意識到連接根據與結論的「命題」。**命題的存在幾乎都是以無意識的默契為前提**。假如可以將平常沒有意識到的命題予以意識化，也就是將命題予以明文化，我們就可以藉此確認自己展開理論的根據為何。換句話說，你可以知道自己是根據何種價值觀、訴諸何種規範命題，來促使對方行動。此外，你還能夠思考這樣行動是否適用於對方。

例如，你對A說：「B是你的學弟（根據），請多幫助B（結論）。」這項規範命題的邏輯根據是「學長應該幫助學弟」。

說服力的關鍵，取決於這項規範命題對A來說，是否能在他心裡引起強烈的共鳴。即使從事實層面來說，你的根據再正確不過，但是如果你的規範命題無法使對方產生共鳴，就很難使他產生動機。

■強調實利命題，人人都吃這一套

規範命題包含了「實利性」規範命題與「倫理性」規範命題，這兩項分別簡稱為**實利命題**和**倫理命題**。在規範訊息的論證中，必定包含其中之一。而所謂的「實利命題」就是：

「應該採取對自己有利的行為」。

「應該迴避對自己不利的行為」。

藉由凸顯這些實利命題，**建議對方採取對他有利的行為，這種方法就是實利性說服法**。如果你希望促使對方行動，最好一開始就提出適用於所有人的邏輯開展。實利命題多為自明的道理，只要意識到它即可，幾乎不必明文表示。運用實利性說服法時，必須讓對方感到你建議的行動對他有利，否則無效。這時候，根據的真實度非常重要。

例如，天快下雨時，你建議對方帶傘出門：「被雨淋濕會感冒，記得帶傘。」這句話的規範命題為：

「應該迴避損害自己健康的行為」。

「應該採取維護自己健康的行為」。

這些命題都是推薦對方採取維護健康的利己行為，所以是實利命題。以說服的方法來說，屬於實利性說服法。

「淋到酸雨身體會融化」，或是「雨水裡面有輻射，可能會得白血病」等勸說方式，跟「會感冒」一樣，都是訴諸健康方面的實利命題。不過，這樣的內容會讓人有被威脅的感覺……。

同樣是促使對方帶傘出門，如果提示的根據為「淋濕的話，一套好好的西裝就弄髒了，還得花一筆清潔費」，那麼這句話的規範命題就變成了「應該避免無謂的花費」，屬於經濟性的實利命題。另外，「淋濕了，手機會壞掉」、「淋濕了，數位相機可能會壞掉」等，也是訴諸經濟層面的實利命題。

■強調倫理命題，但是別討人情

除了實利命題，還有倫理性的規範命題。訴諸倫理命題，也是強化說服力的有效手法之一。**訴諸倫理命題，無非就是促使對方遵守道德、規律、連貫性等行動規範**。多數的倫理命題跟實利命題不同，為非自明的道理，所以我們要透過明文表示，促使對方準確意識到這些道理，效果才得以彰顯。

例如，剛才建議對方帶傘出門的例子，告訴他「淋濕了，會給人添麻煩」時，連結這個建議的根據和結論，是「應該避免做出帶給別人麻煩的行為」的規範命題。

這則規範命題促使人們必須遵守道德，所以稱為「倫理命題」。身體淋濕後，乘坐擁擠的電車或巴士，確實會帶給別人困擾，而且，如果就這樣直接進入辦公室或走進商店裡面，也會讓周遭的人感到不舒服。

假設有一位朋友平常非常照顧Ａ。當那位朋友有求於Ａ時，如果我們建議Ａ：「你應該答應他，拒絕人家太失禮。」那麼，這句話的規範命題為倫理命題：「不應該恩將仇報」。

與實利命題不同，**有時候對方並不明白自己的倫理命題**。這時候，我們必須將倫理命題明文表示出來，也就是說，你必須傳達到對方能意識到這些命題的程度，效果才會出現。例如，「拜託你事情的人平常很照顧你不是嗎？你應該要答應他，拒絕人家太失禮了」，像這樣追根究柢的確認規範命題，效果特別好，因為邏輯的依據非常清楚。

可是，在這種情況下，要注意自己是否有強迫別人遵循道德之嫌。人們很容易對強加在自己身上的道德規範產生反感。像前面的例子，是由第三者提出建議，或許對方還可以接受，假如他是被當事者直接告誡這些話（我平常這麼照顧你……），心裡感受應該很差。

■倫理和實利，軟硬兼施

假使換個方式跟Ａ說：「你以後還需要他的照顧，答應他的請求對你有利。」這句話的規範命題，就變成了「人應該做對自己有利的行為」的實利命題。

我們最好在訴諸實利命題的同時，加入倫理命題，效果會更好。一般來說，倫理和實利並不互相排斥，雙管齊下的可能性很高。

例如，假設有人銷售油電混合動力車，這種車子結合了電動馬達和汽油引擎作為動力來源。他向顧客推薦：「這輛車不但對環境好，還能夠大幅降低燃料費。」這一句話，就同時訴諸了倫理和實利兩方面的規範命題：

「應該採取重視自然環境的行動」。

「應該選擇在經濟上能夠獲利的行為」。

如此一來，說服力頓時提升好幾級。雖說如此，當人們被迫在實利和倫理兩者之間擇一時，實利命題的影響力還是比較大。原因在於，這個社會似乎有越來越傾向實利的趨勢。

事實上，油電混合動力車的行情之所以能夠一舉躍升，也是因為在油價高漲的時代，消費者重視油錢和使用效率，以及油電混合動力車和一般汽車的價格差距縮小了。過去，油電混合動力車在經濟因素上還差燃油汽車一大截時，如果銷售員只訴諸於「注重環保」的倫理命題，在銷售上就會出現瓶頸。

■老闆的實利就是員工的倫理

如同前面所述，當我們發出規範性訊息，希望能促使對方採取行動時，幾乎毫無例外，都會一併夾帶實利性或倫理性的規範命題。在商業場合中，我們催促行動的對象幾乎都是公司、政府機關、學校裡面的「組織人」。

有趣的地方是，**對組織人來說，實利命題和倫理命題大都重合在一起**。換句話說，組織人追求組織的實利本身，就是倫理命題（下頁圖表7-3）。

假設業務往來公司的承辦人建議組織人A：「這個投資案可以帶給貴公司莫大的經濟效益」，這句話的規範命題為實利命題：「應該實行對自己公司有利的行為」。但是，對組織人A來說，這則命題為倫理命題，換句話說，「應該實行對自己公司有利的行為」是他的信條。雖然，當A採取對公司有利的行動後，就A個人來說，或許可以帶來加薪等經濟上的好處，不過那只是間接性的效果。

一般而言，組織人會遇到的倫理命題還有以下幾種：

「應該維持公司的信用」。

「應該重視股東」。

「應該重視員工福利」。

圖表7-3 故事的傳達順序

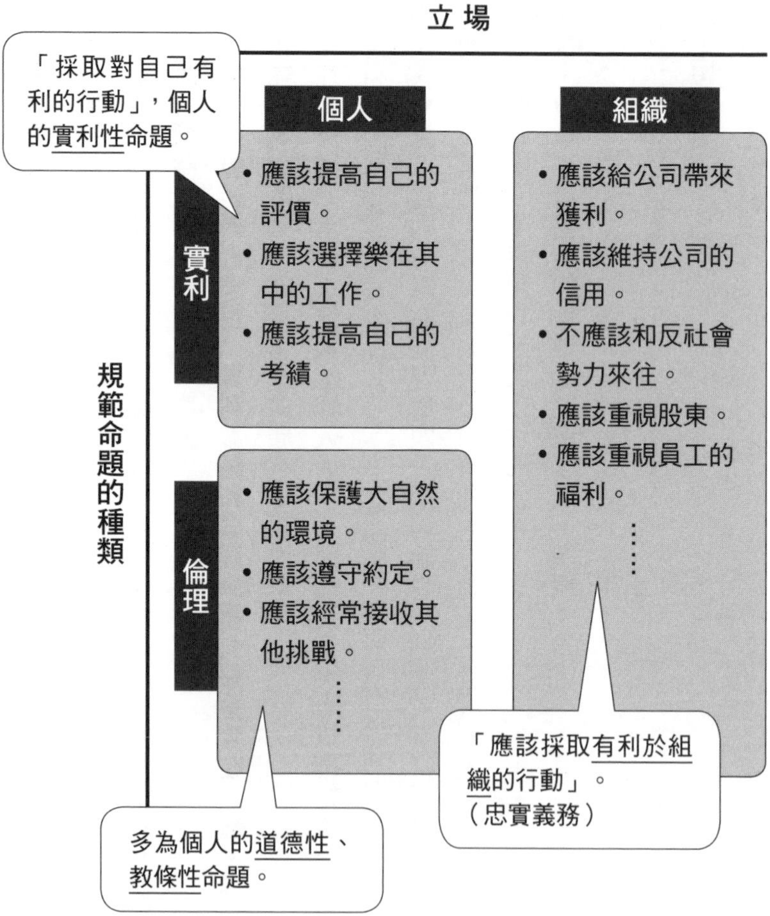
立場
「採取對自己有利的行動」，個人的實利性命題。
個人
組織
實利
倫理
規範命題的種類
• 應該提高自己的評價。
• 應該選擇樂在其中的工作。
• 應該提高自己的考績。
• 應該保護大自然的環境。
• 應該遵守約定。
• 應該經常接收其他挑戰。
……
• 應該給公司帶來獲利。
• 應該維持公司的信用。
• 不應該和反社會勢力來往。
• 應該重視股東。
• 應該重視員工的福利。
……
「應該採取有利於組織的行動」。（忠實義務）
多為個人的道德性、教條性命題。

■組織成員無意識中遵守的行動規範

在販售商品或服務等商業場合裡，幾乎所有的情況下，賣方都會以「這個商品（服務）將帶給對方組織什麼利益」的結論作為根據，暗示對方應該購買。也就是說，當你推銷東西給對方時，除了訴諸於該組織的實利命題，同時也要訴諸於該組織人自己的倫理命題。

其實，組織人也是人。難道沒有可以凸顯個人的規範命題嗎？答案是有的。**婉轉的凸顯出該組織人自己的實利命題和倫理命題**，也是能夠有效增加說服力的技巧。組織人也是人，當然有他自己的實利命題。例如：

「應該提高自己的評價」。
「應該選擇樂在其中的工作」。
「應該提高自己的考績」。

同時，組織人應該也有他自己個人的倫理命題。例如：

「應該保護大自然的環境」。

「應該遵守約定」。

「應該經常接收其他挑戰」。

如果想掌握對方個人的規範命題，多半會從平時和對方接觸的機會開始著手。此外，訴諸組織人的倫理命題，並凸顯他個人的規範命題，你的說服力就會大幅提升。誠如前述，幾乎所有的情況都不需要明文表示實利命題。

另一方面，在有些情況之下，明文表示出倫理命題效果還不錯，不過這時候必須多加上一層考慮，也就是注意語氣不可顯露出你想強加價值觀在他身上。

描述訊息，一樣有說服力

■說因果、舉實證，描述現象變成規範行為

前面我說明了如何利用規範訊息來提升說服力，並從這個觀點來解釋行動原理，也就是實利、倫理的規範命題。從「命題」的定義，也就是以連結根據和結論的內心想法為前提來看，不只是規範訊息，**在論證記述或評價這兩種描述訊息時，命題仍然存在**

（你還是要注意對方是否跟你同頻率）。

只是，這時候的命題不是以行動原理為內容的規範命題。不過，就提升說服力而言，重點一樣是要做好命題的分析。

在第三章，我們學到了在記述訊息中，有因果和實證兩種論證方法，當時我還沒有使用「命題」這樣的說法。其實所謂的「論證」，就是以某個命題來連接根據和結論。

事實上，**當我們論證記述訊息時，會夾帶因果命題或是實證（經驗／統計）命題**。

例如：

「社長的談話很無聊。」（根據）

因此，談話中，

「開始有人打瞌睡。」（結論）

依據這樣的邏輯，這兩句話中夾帶了一則命題：「無聊的談話招來瞌睡蟲。」這則命題顯示出因果關係，原因為無聊的談話，結果為開始有人打瞌睡，這是因果命題，也就是第三章中所說的因果論證。同樣的邏輯，假如我設定命題為：「聽無聊談話的人當中，很多人打瞌睡。」

這個命題從經驗法則或統計上的觀點做推論，稱之為「實證命題」。也就是說，說明理由的是因果命題，而看到世間一般情況皆如此則為實證命題。在第三章中，我們學過實證論證。例如：

「今後，日圓可能會貶值。」（根據）

因此，

「出口商的股價上漲。」（結論）

依照這個邏輯，當你想像「日圓貶值時，出口商的股價會上漲」這項因果命題時，也可以假想下面這則實證命題：「根據多次觀察，日圓貶值時，大多數出口商的股價都會上漲。」

再舉一個例子：

「波奇是柴犬。」（根據）

因此，

「波奇有心臟。」（結論）

依照這個邏輯，這兩句話中設想了一個於經驗法則和統計上的實證命題：「所有的狗都有心臟。」但是從這個邏輯，我們很難設想出因果關係的命題。例如：「因為是狗，所以有心臟。」這樣的因果命題沒有說服力。就算反過來說：「因為有心臟，所以是狗。」這樣的命題也不對。

所以，視情況而定，有時候實證命題的說服力，反而能引導出更具邏輯性的展開，未必要用因果命題。

■評價命題──大家都認定的標準

當我們論證評價訊息之際，裡面必定反映出某種價值觀的評價命題。因此，我們可以藉由檢驗評價命題，來提高說服力。評價命題的內容，就是我們在第一章和第三章中學過的評價項目和評價基準。

例如，當你論證「這顆鑽石品質很好」這則評價訊息時，可依據下面的流程：

「這顆鑽石足三克拉。」（根據）

「採用目前最夯的明亮切工。」（根據）

「透明度高。」（根據）

「色澤很棒。」（根據）

「鑽石的評價由大小（克拉）、切工、透明度、色澤來決定。」（評價命題）

「因此，這顆鑽石的品質很好。」（結論）

這裡的邏輯開展，是依照大小、切工、透明度、色澤這四項鑽石評價項目中最受重視的價值觀為基礎，再主張自己的東西是否滿足這些評價項目。可是，在這個例子裡，即使對方接受每個項目的評價標準，他可能還會產生一個疑問：「評價鑽石，真的只用這四個基準就夠了嗎？」所以，接下來你要補強評價項目的正當性。

總言，對方能否接受評價項目以及該項目的評價，就是能否提高說服力的關鍵。

■用錯評價命題，說破了嘴也不動心

無論是用來論證規範訊息的規範命題，或是用來論證描述訊息的因果與實證命題，我們在使用時一定要清楚意識到這些命題，因為**命題表示邏輯的根據**。如果把邏輯展開比喻為「槓桿」，那麼命題便發揮了「支點」的作用，而施力點就是根據，作用點則是結論（圖表7-4）。

一般人傾向用增加根據的數量，來提高邏輯上的說服力。這時候，最重要的是先將

圖表7-4 作為支點的命題

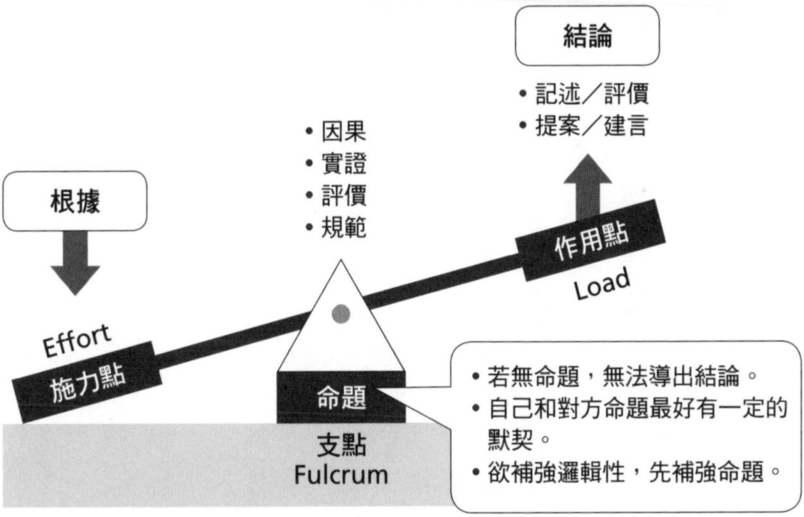

這些根據的命題予以明文化。其原因在於，無論你再怎麼補強根據，**只要你所設定的命題對方不感興趣，說服力只會越來越低。**

這個現象不管用在因果命題、實證命題、評價命題或是規範命題都一樣。例如，假設我們在推銷汽車，可能會用到這樣的邏輯：

「這輛車很省油錢。」（根據）

因此，

「這輛車很好。」（結論）

然後，為了增加說服力，我們開始補強根據。其中一個方法是詳細說明這輛車在節省燃料費上的優點，像是「這輛車每公升汽油可以跑二十五公里，相當省油」等。以金字塔結構來說，就是提供低一層級的資訊。

另外，還可以追加描述「這輛車很少故障，可以減少維修費用」。以金字塔結構來說，就是增加同層級的資訊。當然，也可以加入其他資訊，像是「數據顯示，這輛車與其他同級車相比，便宜三成」等。

而其他同層級的根據，還有「這輛車價格低廉」、「二手車價高」、「搭配低利貸款專案」等。

用並列式的手法增加根據，並且添加具體的說明，確實可以提高說服力。不過，這樣的邏輯展開都是設定在某個特定命題之下。以這個例子來說，命題是：「車子好不好，由經濟性決定。」

事實上，確實很多車主重視車子的經濟性。換句話說，你提出的這一連串提高說服力的補強根據，是否能發揮效用，取決於對方能否接受背後的評價項目：「車子好不好，由經濟性決定。」

因此，**只有當對方和你共同擁有某種命題，你的補強根據才有意義**。如果對方重視經濟性以外的因素（外型漂亮最重要），那麼你就無法光靠補強經濟性因素，來大幅提高說服力。

用對評價命題，一句話就讓人心動

假設對方除了經濟性因素之外，還重視以下的評價命題：

「富設計感的車子為好車子。」

「性能好的車子為好車子。」

「安全性高的車子為好車子。」

這時候，無論你再怎麼補強經濟性因素的邏輯，堆疊相關根據，幾乎沒有太大的意義。因此，即便你的根據內容正確，數量足夠，也不保證能夠提高說服力。

總而言之，提升說服力的關鍵在於，**詳加辨識對方的邏輯支點是根據何種命題來設定，並思考自己的命題是否適用於對方**。

用因果與實證來推論時，想像不宜太跳躍

某位經濟分析師預測：

「從長期來看，今後液化天然氣的需求將會增加。」（根據）

因此，

「預期液化天然氣的運輸工具——液化天然氣船（LNG tanker）的需求也會增加。」

（結論）

乍看之下這個推論很有邏輯，讓人信服。如果要提升說服力，有一個方法是詳加說明為什麼液化天然氣的需求會增加，也就是補強根據。一般而言，人們容易聚焦在這一點上。

但是，就如同前述，問題的關鍵在於「命題」，我們馬上來確認命題的邏輯。假設這個例子是基於「產品需求增加，帶動運輸工具的需求」這個因果命題，那麼它的實證命題就是「當產品需求增加時，運輸工具的需求也會增加」的經驗法則。

可是，為什麼產品的需求增加，一定會使運輸工具的需求增加呢？難道沒有「即使產品的需求增加，運輸工具的需求也不會增加」的情況嗎？答案是有的。例如：

「生產地和消費地相同，所以不需要長距離的運輸工具。」

「除了用液化天然氣船運送以外，還有其他的運輸工具。」

「即使產品需求增加，但無法生產，所以不會有運輸的問題。」

當我們考慮到這一點，「產品需求增加，使得運輸工具的需求跟著增加」的命題便讓人感到太過跳躍。這個命題背後，隱藏了幾點未明文表示的前提和默契。像是：

「產品的生產地和消費地距離很遠，一定要有運輸工具。」

「用液化天然氣船運送是唯一長距離的運輸方法。」

「液態天然氣產品的生產順利，毫無停滯的狀況。」

假如接收者與你共同擁有這些前提，那就沒有任何問題。但如果沒有的話，那麼不管你再怎麼補強「今後液態天然氣的需求會增加」這個重點，也無法提升你的說服力。這時候，**除了補強根據之外，還必須補強命題本身**。具體的說，也就是要將命題背後的默契和前提予以明文化，然後再加以論證。

辨識命題還有一個好處，那就是可以找出自己邏輯上的弱點，只要知道弱點在哪裡，就可以想出補強策略。

國家圖書館出版品預行編目（CIP）資料

麥肯錫寫作技術與邏輯思考：為什麼他們的文字最有說服力？看問題永遠能擊中要害？／高杉尚孝著；鄭舜瓏譯. -- 二版. -- 臺北市：大是文化, 2018.10
352面；14.8*21公分 . --（Think；169）

譯自：論理表現力 -- ロジカル・シンキング&ライティング

ISBN 978-957-9164-62-7（平裝）

1. 文書管理 2.思考

494.45 107014524

Think 169

麥肯錫寫作技術與邏輯思考

為什麼他們的文字最有說服力？看問題永遠能擊中要害？

作　　者　高杉尚孝
譯　　者　鄭舜瓏
責任編輯　黃凱琪
副總編輯　顏惠君
總 編 輯　吳依瑋
發 行 人　徐仲秋
會　　計　許鳳雪
版權專員　劉宗德
版權經理　郝麗珍
行銷企劃　徐千晴
業務助理　李秀蕙
業務專員　馬絮盈、留婉茹
業務經理　林裕安
總 經 理　陳絜吾

出 版 者　大是文化有限公司
臺北市100衡陽路7號8樓
編輯部電話：（02）23757911
讀者服務 購書相關諮詢請洽：（02）23757911 分機122
24小時讀者服務傳真：（02）2375-6999
讀者服務E-mail：haom@ms28.hinet.net
郵政劃撥帳號／19983366　戶名／大是文化有限公司

法律顧問　永然聯合法律事務所
香港發行　豐達出版發行有限公司 Rich Publishing & Distribution Ltd
香港柴灣永泰道70號柴灣工業城第2期1805室
Unit 1805, Ph.2, Chai Wan Ind City, 70 Wing Tai Rd,
Chai Wan, Hong Kong
Tel：2172-6513　Fax：2172-4355
E-mail：cary@subseasy.com.hk

封面設計　李涵硯
內頁排版　蕭彥伶
印　　刷　鴻霖傳媒印刷股份有限公司

出版日期　2018年10月二版一刷
再版日期　2019年11月二版三刷
定　　價　399元（缺頁或裝訂錯誤的書，請寄回更換）
I S B N　978-957-9164-62-7